KB272806

여전히

유럽은
설레임

여전히

유럽은
설레임

윤태호 쓰고 찍다

알비

학교를 졸업한 후 입사한 회사는 대부분 사람이 축하해주는 좋은 회사이며 기회였지만, 주위 사람에게 축하 인사를 받을 때마다 부담이 되었다. 처음 해보는 일이 쉽지 않은 점도 있었지만, 졸업 후의 내 삶이 생각했던 것과 다른 것이 문제였다. 오랫동안 꿈꿔왔던 자유로운 예술가의 삶과 점점 멀어져 가는 것 같아 외로움이 자주 찾아왔다.

매일 아침 출근 시간 30분 전쯤 회사 근처에 도착해 주차장에 차를 세우고는 쉽게 차 밖으로 발을 내딛지 못했다. '오늘 하루는 또 어떻게 보내야 하나?' 하는 해결책 없던 걱정에 애먼 입술만 깨물다가 출근 시간 10분을 남기고야 겨우 자신을 차 밖으로 떠밀어 낼 수 있었다.

'왜 이렇게 회사 생활이 힘든 걸까?' 하고 생각하며 천천히 주위를 둘러보니 나를 견제하고 싫어하는 직장 상사들과 동료들이 많았다. 회사에 처음 들어가자마자 자기관리에 능숙하지 못했던 나에게 정신적으로 힘든 순간들이 찾아왔는데, 그게 다 어려웠을 때 직장동료들과의 관계를 제대로 처신하지 못해 시작되었다는 사실을 한참이 지나서야 깨닫게 되었다. 마음 같아서는 당장 그만두고 사라져버린 내 꿈을 찾아 나서고 싶었지만, 그런 내색을 조금이라도 하면 부모님은 한국에 있는 이모들을 포함해 가족들을 총동원해서 나를 달래기 일쑤였다. 거기다 대학 시절부터 몇 년째 연애 중인 프롱의 밝은 모습을 보고 있자니 징징댈 틈이 없었다. 어딘가에서 들은 이외수 작가의 '존버정신' 이야기를 곱씹으며 정말 말 그대로 버티고 있었다.

그러던 어느 날, 프롱이 나에게 유럽 여행을 제안했다.

"쌀몽, 우리 유럽 갈래? 에미레이트 항공사에서 프로모션 하던데."

회사에서 일 년 넘게 꾸역꾸역 일하며 4주가 넘는 휴가를 만들어놓았지만, 어디에다 써야 하나를 고민하던 때였다. 나는 그때부터 내가 유럽에 가고 싶은, 가야 하는, 갈 수 있는 온갖 이유에 집중하기 시작했다. 잠시라도 이 존버 세상에서 벗어날 수 있다면 유럽 아니라 북극에라도 가고 싶다는 마음이 들자 실행에 옮기기 시작했다. 정말로 회사를 그만두고 싶은 마음이 컸던 나는 회사에 물어보지도 않고, 마음대로 프롱과 유럽행 항공권을 덜컥 사버렸다.

'그만두라면 그러지 뭐.' 나 같은 존재 하나 없어진다고 해도 아무런 티도 안 날 것 같은 회사의 직속 상사와 며칠 후 나는 커피숍에 마주 앉아 약 9개월 후 떠날 6주에 가까운 유럽 여행에 관해 이야기하고 있었다. '가고 싶은데'가 아니라 '가서 이것저것

하려고'라는 어투로 말을 하고 있으니 직장 상사가 묻는다.
"잠깐 기다려봐, 너 벌써 티켓 샀어?"
"응."

잠시 어이가 없다는 듯이 웃어 보이던 직장상사는 뜻밖에 따듯
한 말투로 대답해주었다.
"다음부터는 꼭 티켓 사기 전에 상의해줘."

다행인지 불행인지, 쿨내가 풀풀 나는 상사는 의외로 쉽게 휴가
를 승인해 주었다.

사라진 내 인생의 다음 장을 찾게 될지, 혹은 나 없이도 아무 일
없이 잘 돌아갈 세상을 증명해낼지, 아직은 알 수 없었던 유럽
여행의 첫 장은 그렇게 시작되었다.

Contents

0
1

one

way

ticket

아주 먼 곳으로

지구 반대편, 비행기가 한 번에 갈 수도 없을 만큼 아주 먼 곳으로, 이왕 떠나는 거 우리는 정말 멀리멀리 가보고 싶었다. A380이라는 큰 비행기에 타서 잠시 후 비행기가 떠날 항로를 보여주는 화면을 보며 '그래! 바로 이거야. 이 정도는 가야지! 이렇게 큰 비행기도 한 번에 못 간대' 하고 마음속으로 쾌재를 불렀다. 하지만 두 시간 후 기장은 기체 결함이 발견되어 오늘 밤 비행기가 출발할 수 없다고 알려왔다.

항공사에서 마련해준 호텔에 도착해서도 떠나지 못했다는 사실에 우울해졌다. 나는 끝내 복도에 위치한 자판기에서 맥주를 두 캔이나 뽑아 마시고야 잠들 수 있었다.

네 시간 후, 비행기를 타기 위해 다시 공항을 찾은 우리는 제발 떠날 수 있기를 기도했다. 서서히 활주로를 향해 움직이기 시작하던 비행기는 마침내 하늘을 향해 날기 시작했다. 맙소사. 드디어 출발인 거야. 내가 얼마나 오랫동안 이 순간을 기다렸는데.
그런데 두바이에 도착해서 런던 히쓰로우 공항으로 향하는 비행기를 갈아타야 했는데, 비행기에 좌석 배치가 안 되어있다고 다시 호텔에 머물러야 했다. 우리는 호텔 뷔페 식권 네 장을 손에 들고 택시 안에서 두바이의 낯선 야경을 구경해야만 했다.

집 떠난 지 27시간이나 지났는데 아직 유럽 근처도 못 갔다니.

여전히 유럽은 설레임

90년대 흥행했던 영화 덕분에 많이 알려진 노팅힐로 숙소를 정한 이유는 사진을 통해 본 숙소가 깨끗하고 예쁜데 저렴해서였지 영화 속 어떤 풍경을 보고자 정한 것은 아니었다.

히쓰로우 공항에서 언더그라운드를 타고 패딩턴 역에 도착해서 기차를 갈아타고 노팅힐 게이트 역으로 가야 했는데, 이상하게 엘리베이터가 보이지 않았다. 분명 장애인이나 노약자 혹은 짐 많은 사람을 위해 설치해놓은 엘리베이터가 있을 만한데, 지나가는 사람에게 물어도 없다는 이야기만 돌아올 뿐이었다.

나는 남자니까 괜찮은데, 20킬로가 넘는 짐을 들고 계단을 오르락내리락해야 하는 프롱이 안쓰러워 최대한 빨리 짐을 올리고 돌아내려 와서 도와주려는데, 계속 안 그래도 된다며 먼저 가라고 한다. 독립심 강한 그녀의 모습은 내가 제일 좋아하는 그녀의 일부다.

노팅힐 게이트 역에 노착하니 계단 끝판왕이 기다리고 있었지만, 지상으로 올라와 숙소가 위치한 곳을 향해 러기지를 끌며 걷기 시작하니 언제 고생했나는 듯이 발걸음이 가벼워지기 시작했다.

비에 살짝 젖은 깨끗한 거리와 잘 정돈된 단독 주택들로 둘러싸인 노팅힐의 모습이 눈에 들어왔다. 우리는 런던에 도착하고 처음으로 서로를 마주 보며 환하게 웃었다.

여전히 유럽은 설레임

첫인상

도착하자마자 내리기 시작하는 비가 걱정스러웠다. 우산을 살까도 고민했지만 견딜 만했기에 짐이 되어버릴 우산을 포기하고 그냥 비를 맞으며 다니기로 했다.

몇 년 전 호주 배낭여행을 앞두고 S형이 선물해 주었던 비상용 우비를 프롱이 꺼내 입어 보았다. 우비는 정말 말 그대로 비상용 수준이었다. 비상상황은 아니었기에 다시 넣어 두었다.

런던에 도착하자마자부터, 깨끗하고 잘 정리된 고급스러운 도시의 모습에 계속해서 감탄을 연발했다. 시드니도 깨끗하고 예쁜 곳이 많지만, 패딩턴(Paddington)이나 본다이(Bondi) 혹은 록스(Rocks) 같은 곳에서나 볼만한 풍경들이 런던의 이름 없는 동네에서 계속되었다. 셔터를 누르고 또 누르고. 그러다가 허기진 배를 채우기 위해서 웨스트민스터(Westminster) 역 근처의 일식집에서 우동과 카라게돈을 사 먹었다. 물가가 비싸다. 오를 대로 많이 오른 호주 물가와 거의 같거나, 약간 더 비싼 것 같다. 그리고 잘은 모르겠지만, 아마도 팁이 의무는 아니지만 다들 조금씩 주는 게 생활화돼 있는 듯하다.

온종일 비를 맞고 다녀서인지 춥고 피곤했다. 따듯한 물에 샤워하고 싶었지만 숙소 화장실 샤워기의 수압이 너무 약했다. 이슬비로 목욕하는지 알았다. 저녁 식사는 숙소 근처에 있는 테스코(TESCO)라는 마트에서 사 온 파스타와 맥주로 대신하고는 기절하듯 잠들어 버렸다.

GIVE
WAY
Welco Home

여행을 사랑할 수밖에 없는

호주는 수년째 세계에서 가장 많이 여행을 즐기는 나라 10위 안에 뽑힐 정도로 많은 사람이 해외여행을 한다. 자국 내 여행까지 포함하면 여행인의 비율이 세계에서 세 번째 안에 꼭 든다. 사실 따지고 보면 약 4만 년의 역사를 가지고 있다고 알려진 호주 원주민 애버리지니를 뺀 나머지 사회 구성원은 사실상 배나 비행기를 타고 호주에 정착했기 때문에 여행이 아니라 들락날락하는 인구가 많은 것 같다.

비틀스의 나라, 셰익스피어의 나라 뭐 그런 거 말고 현실적으로 런던은, 한국을 방문하고 와서 "어~ 나 이번에 한국 다녀왔잖아~"라고 자랑 섞인 말투로 듣게 되는 한국 유학생들의 흔한 대화 주제처럼 호주 친구들에게 흔하게 듣는 곳이다. 호주에서 최소 2~3세대가 뿌리를 내렸다고 해

Smart is always the first to know.
Zoopla
Go
88 Stockwell
hybrid

여전히 유럽은 설레임

도 대부분의 백인 호주인에게 런던은 그들의 뿌리이자 조국의 수도이다. 길을 걷다 오랜만에 만난 친구에게 "어떻게 지냈어?"라고 물으면 "방금 런던에서 돌아왔어!"(Just came back from London!) 라는 말에서, 그들 역시 한국 교민들과 별반 다르지 않음을 알 수 있다.

물론, 중국 친구들은 그들 나름대로 본토에 다녀왔음을, 독일 친구들은 베를린에 다녀왔음을 이야기하는 것은 신성 국가에 모여 살면서도 자신의 뿌리를 잊지 않겠다는 다짐이자, 각자의 자부심인 것이다.

아무리 다민족 국가라고 해도 영국의 통치를 시작으로 근대사를 시작한 호주에서 영국계 호주인만큼 흔한 민족이 또 있을까?

'런던에서는', '런던에 갔더니', '런던은 요즘.' 런던, 런던, 런던.

런던에 와서 도대체 런던이 뭐가 어쨌다는 건지가 궁금했다. 사이렌 체스터(Cirencester) 근처에서 시작해 약 346km를 여행해 북해로 흐르는 템스강(Thames River)이 가로지르는 영국의 수도 런던.

서울 근방에서 태어나 적도를 가로질러 약 8,324km를 여행하고, 시드니를 거쳐 또다시 어딘가로 흐르게 될지도 모르는 프롱과 나, 우리는 여행을 사랑할 수밖에 없는 DNA를 갖고 태어난 것일지도 모르겠다.

STARBUCKS COFFEE
Our Featured Espresso
ETHIOPIA
Our Featured Espresso
ETHIOPIA

여전히 유럽은 설레임

자동차, 전자제품, 가방, 햄버거, 치킨, 신발까지 넘쳐나는 한정판 시대에 살고 있다. 사람들은 세상에 얼마 존재하지 않는 물건을 소유하고 싶어하고, 그로 인해 자신의 특별한 존재 가치를 부각하고 싶어 한다.

요즘은 뭐 이런 거까지 한정판이 존재하나 싶을 정도로 남발하는 추세이다 보니 소유욕이 강한 편이지만 별것도 아닌 물건이 여러 가지 종류로 나누어지고, limited edition이라고 소개되면 나는 머리가 아파 그냥 제일 저렴하고 평범하고 흔한 것을 고르는 새로운 습관이 생겼다.

여행하는 동안 스타벅스(Starbucks)는 우리에게 좋은 쉼터가 되어준다. 마실 수 있고, 앉을 수 있고, 와이파이가 있고, 화장실이 있다. 스타벅스가 여행 중 반갑다고 처음 느꼈던 건 지난날 혼자 미국을 여행하면서다. 요즘이야 휴대전화 로밍도 잘되고 와이파이도 곳곳에 깔려있지만, 그때는 그렇지 않았다. 맨해튼에서 유료 화장실을 이용하느니 돈을 주고 뭐를 하나 사 마시면서 잠시 쉴 수 있는 스타벅스 같은 커피숍이 더 매력적이었다.

템스강 옆 거리에서 발견한 런던의 한 스타벅스는 마치 런던 한정판이라도 되는 듯이 아주 근사한 모습을 하고 있었다. 누구도 또는 어디에서도 이건 런던 한정판 스타벅스라고 소개하지 않았지만, 우리는 우리가 길을 걷다 찾아낸 특별한 스타벅스를 보며 '저게 바로 한정판이지!'라고 이야기했다.

그 지역에만 있는 특별한 장소도 재미있지만, 전 세계 어디를 가나 다 있는 프랜차이즈 상점이 그곳만의 특별한 모습으로 재탄생하여 자리 잡고 있으니 반가웠다. 이런 종류의 한정판이라면 언제든지 환영이다.

우리 둘이 하는 여행

친구는 괜히 고생하지 말고 큰 카메라 대신 조그만 캠코더나 하나 가져가라고 내게 충고했다. 당연히 그럴 계획이 없었지만, 쓸데없는 고민에 멘탈 낭비 후 원래의 계획대로 나는 '오두막'이라는 별명의 큰 카메라에 긴 망원 렌즈, 화각이 넓은 광각 렌즈를 가져가기로 했다. 내가 제일 좋아하는 방수가 잘되는 큰 가방에 카메라 장비들과 13인치 컴퓨터까지 챙기고 나니 10킬로 가방이 완성되었다.

다른 친구는 '거기에 가면 이걸 꼭 해야 해', '거기에 가면 여길 또 안 갈 수 없다'는 등 수많은 정보를 공유해주었는데, 이렇게 몇 명을 거치고 나니 이건 6주가 아니라 6개월이 넘는 여행으로도 답이 안 나올 것 같았다.

우리는 좀 더 우리다운 여행을 하기로 마음을 먹었다. 여행을 떠나는 건 우리 둘이지 그들이 아니라는 사실을 생각하며 우리가 가고 싶은 곳에 가고, 하고 싶은 것을 하기로 했다. 그리고 우리 스스로 내린 결정에 대해 후회하지 말자고 이야기했다.

몇 시간째 런던 시내를 돌아다니다 잠시 한숨 돌리고 있으니 어깨에 짊어진 카메라 가방의 무게가 새삼 무겁게 느껴졌다. 이렇게 한 달 반을 여행하면 여행이 끝날 때쯤 어깨가 땅을 향해 축 처져 버리는 건 아닐까 하는 걱정이 들 정도로. 저녁에 숙소로 돌아오자마자 나는 가방 안에 든 모든 물건을 꺼내고는 당장 다음 날 꼭 필요한 물건들과 그렇지 않은 물건들을 정리하기 시작했다. 스스로 내린 결정에 후회하지 않기 위해서.

Ku
AWARD WINNING GAY BAR
Ku
30 LISLE STREET
LEICESTER SQUARE
CHAMPAGNE BAR
PEDESTRIAN ZONE
No vehicles
Noon - Midnight
CORAL

-2/3에서 -1 사이쯤

비가 온다. 홍수가 날 만큼 큰비도 아니고, 계속해서 오는 것도 아닌데, 땅이 말라갈 때쯤 되면 또다시 비가 온다. 그래서 런던은 항상 젖어있다. 비구름은 도무지 해를 보여줄 마음이 없어 보인다. 우중충한 하늘과 젖어있는 길거리, 그래서 우울해 보였다.

역사에 의하면 호주의 뉴 사우스 웨일즈 주로 이주를 결정한 많은 영국인은 따듯하고 비가 잘 오지 않는 새로운 남쪽의 웨일즈 지방에 설렜다고 한다.

런던에 도착한 지 며칠이 채 되지 않았지만, 감정선을 +2(아주 좋음)에서 -2(아주 우울함)로 나누어 본다고 했을 때, 도착한 첫날을 빼고는 이런 기후에서는 도무지 우리의 기분이 +가 되기 힘들 것 같았다.

따듯한 남쪽으로 떠나기 전에는 맑은 하늘을 보기 힘들지도 모른다는 생각을 하며 잠들었는데, 떠나기 전날이 되니 거짓말처럼 비가 뚝 그쳤다.
먹구름이 걷히니 숨어있던 런던 특유의 색감이 살아나고, 기온도 많이 올라가니 런던이 달라 보였다. Back to 0.

여전히 유럽은 설레임

PORKY'S PANTRY
M&S NEWSAGENTS
Cadbury
Confectionery
Newsagents
Tobacconist
Lottery
Oyster Ticket Stop
Cadbury
CONFECTIONERY NEWSAGENTS OYSTER LOTTERY

미대생 둘

프롱과 나는 남들이 흔히 말하는 미대 오빠 동생 사이로 만났다. 영화학과에 다니던 나는 이미 틈이 날 때마다 사진일 해서 돈을 벌고 있는 프리랜서 포토그래퍼기도 했는데 학교 캠퍼스를 걷던 어느 날, 프롱의 존재를 알게 되고 그 아름다움에 빠져 '어떻게 하면 저런 동생이랑 친해질 수 있을까'를 오랫동안 고민하고 있었다. 그러다 우연히 같은 학과에 다니던 친구를 통해 함께 맥주를 마실 기회가 생겼고, 마침 사진을 진지하게 배우고 싶어하던 프롱에게 함께 사진을 찍으러 시드니 시내를 돌아다니겠느냐고 제안을 했었다.

사진으로 인연을 맺은 우리는 보통 연인들이 주말이면 영화관을 찾듯이, 틈만 나면 함께 사진을 찍으러 여기저기 다니곤 했다.

그런 미대생 오빠 동생이 유럽을 왔는데, 미술관을 지나칠 수 없었다. 시드니 MCA(Museum of Contemporary Art)보다 두 배는 큰 거 같은 테이트 모던(Tate Modern) 아트갤러리를 함께 둘러보고 있으니 처음 서로를 알아가던 몇 년 전의 우리 모습이 기억났다.

마주하는 작품들을 깊이 관찰하고, 그 의미에 집중하는 나와 다르게 프롱은 보는 건지 마는 것인지 말 그대로 작품을 훑어보는 타입의 사람이었다. 그런데도 신기하게 작품들의 포인트는 정확하게 잘 집어내는 그녀가 참 신기했다. 테이트 모던 아트 갤러리에서도 이미 한 바퀴를 둘러보고 온 프롱은 이제 겨우 시동이 걸린 나를 보며 말한다.

"오빠, 맨 위층에 바 있대. 우리 가서 맥주나 한잔해."

"헐…. 나 이제 시작인데. 좀만 기다려 봐."

Beers at Thames River view,
7층 바에서 맥주를 한잔하며
템스강 주변 경치를 보고
앉아 있으니, 떠나오길
잘했다는 생각이 들었다.

동상이몽

밝은 파란색 구조물로 포인트를 준 타워 브리지를 건너 타워 오브 런던에 다다르니 '아… 여기가 어렸을 적 읽었던 동화 속 그곳이 아닐까?' 하는 상상이 들 정도로 둘의 콤비네이션이 독특하고 아름다웠다.

애초의 계획을 바꿔 향하던 기차역을 지나쳐 황홀할 정도로 아름다운 런던의 노을을 향해 걷기 시작했다. 뜻밖에 아직 발견하지 못했던 런던의 풍경에 심취해 짜릿한 전율을 느끼고 있었는데, 사진을 찍다 고개를 돌리는 사이 발견한 프롱의 표정이 심상치 않았다.

"왜 그래 프롱? 무슨 일 있어?"

"쌀몽… 나 배고파. 우리 언제까지 걸어?"

배가 고프면 화가 나는 프롱이 이 정도로 이야기할 때는 바로 행동을 취해야
한다. 지도를 꺼내 위치 확인 후 근처에 있던 모뉴멘트 역으로 향했다.
'아쉽다… 좀만 더 가보고 싶었는데.'

여전히 유럽은 설레임

영화감독 팀 버튼은 영화를 촬영하며 아침 일찍 일어나야 하는 일이 놀랍고 쉽지 않았음을 고백했었다.

원래 아침잠이 별로 많지 않은 나는 모두가 잠들어있는 새벽에 깨어나는 게 그다지 어렵지 않은 사람 중 한 명이었다. 아직 20대가 되기 전 처음 시작한 커피숍 아르바이트는 누군가에게는 곤혹스러운 일이었겠지만, 나에게는 그다지 힘든 일이 아니었다. 모두가 잠든 밤. 세시간쯤 잤을까? 5시쯤 일어나서 하루를 시작하는 나의 머릿속에는 전날 찍은 사진들을 새벽까지 끄적거리다 잠들어서인지 여러 가지 장면이 잔상으로 남아있고는 했다.

노팅힐에서의 새벽, 프롱보다 아침 준비 시간이 긴 나는(왠지 부끄럽다) 먼저 일어나 게트윅 공항으로 떠날 준비를 하고 있었다. 창밖으로 비추는 노팅힐의 새벽이 우리 가족이 지내던 뉴윙턴의 새벽과 아주 다르지 않았다. 분명히 알람 소리를 들었을 텐데 내가 깨워주기를 기다리는지 계속 이불 속에 파묻혀 있는 프롱의 양팔을 들어 내 목에 끼우고는 '몽키키키~~'

잠시 후 우리는 아직 잠들어있는 다른 이들에게 방해가 될까 봐 조용히 숙소를 빠져나왔고, 시원한 런던의 가을 공기를 맡으며 떠오르기 시작하는 해를 향해 걷고 있었다.

마음이 설레기 시작했다

게트윅 공항에서 약 2시간가량 비행기를 타고 스페인(Spain)의 바르셀로나 (Barcelona)에 도착했다. 런던에 비해 따뜻한 날씨와 밝은 햇살에 시작부터 마음이 설레기 시작했다. 팔각형으로 생긴 사거리들로 이루어진 바르셀로나의 거리는 호주에서도 볼 수 없는 이국적인 풍경이었고, 숙소를 찾아가는 동안 활기차게 지나치는 자전거와 오토바이 그리고 거리를 걷는 사람은 바르셀로나를 생기 넘치는 도시로 만들어 주었다.

숙소 주인도 얼마나 친절한지, 지도를 턱 하니 꺼내더니 이곳저곳 가보면 좋은 곳과 별로인 곳을 열심히 설명해 주었다. 노팅힐 숙소보다 작은 방 크기가 조금 걱정이었지만, 숙소 아저씨의 친절한 인상 덕분인지, 좁은 공간에 대한 불만보다는 좋은 사람이 운영하는 공간에 있다고 느껴졌다.

대충 짐 정리를 한 후 카메라를 한쪽 어깨에 짊어지고 숙소 앞 거리에 나와 프롱을 기다리고 있는데, 숙소가 있는 건물을 관리하는 아주머니가 서툰 영어로 뭐라고 하는데 잘 이해가 안 가 가만히 들어보니, 카메라를 한쪽 어깨에 걸고 돌아다니면 누가 채가니 조심하란 이야기였다.

영국계 사람들로 이루어진 호주는 굉장히 개인주의 적이라 어지간해서는 아주머니나 숙소 주인아저씨가 보여준 호의를 잘 베풀지 않는데, 두 번 연속 스페인 사람의 따뜻한 호의를 받으니 감사했다.

스페인 사람의 정열적이고 인간적인 모습이 한국인들과 많이 닮았다고 들었던 게 기억났는데, 그 말의 의미가 새삼 가슴에 와 닿았다.

여전히 유럽은 설레임

여전히 유럽은 설레임

"오빠, 밥 좀 천천히 먹어. 난 아직 이만큼이나 남았는데…."

나는 밥을 빨리 먹는 아주 저렴한? 습관을 지니고 있다. 회사에서 일하다 맞는 15분짜리 Tea break에도 밥을 먹을 수 있다. 그것도 많이. 운전하고 어딘가로 가는 길에 들린 햄버거 가게의 세트 메뉴 하나를 사서 한 손으로 운전을 하면서도 5분이면 내 점심은 끝이 난다. 누가 뺏어 가지도 않는 외아들인데 왜 그런 습관이 생겼냐면 아버지 때문이다. 대한민국 육군 부사관 출신 아버지는 훈련병 감시하듯이 내가 각을 잡고 빨리 먹을 것을 강조하였다. 그래서 나는 음식을 천천히 즐기고 싶어도 그게 정말 안된다.

빨리 먹으면 체하고, 빨리 먹으면 살도 찌고, 빨리 먹으면 저렴해 보이고 등의 이유를 다 알아도 그게 잘 안된다.

그런 내가 두 시간을 넘게 앉아서 저녁을 즐겼다. 온종일 마음이 따듯해 보이는 스페인 사람을 만나 기분이 좋았던 우리는 숙소 아저씨가 추천해준 텔러 디 타파스(Taller De Tapas)라는 곳을 찾았는데, 조금은 어두운 조명 아래 많은 사람이 여유롭게 저녁을 즐겼다.

스페인어가 어려운 우리지만 다행히 바(bar)에 앉을 수 있었고, 신선한 재료들을 직접 눈으로 보고 손짓으로 고르자 순식간에 맛있는 타파스 한 접시가 되어 우리에게 서빙되었다. 시원한 백포도주와 함께 각종 해산물 위주의 타파스를 먹으며, 프롱과 색다른 하루 저녁을 보내다 보니 정말 두 시간이 넘는 긴 저녁을 즐길 수 있었다.

독특한 발상과 고집

유럽에 도착하기 전까지 안토니오 가우디라는 사람의 존재에 대해서 1도 모르고 살았다. 여행을 준비하며 바르셀로나에서 갈 곳들을 정리하던 프롱이 '여기도 가우디 건물이고, 여기도 가우디 작품이고, 여기도. 바르셀로나는 가우디가 먹여 살리나 봐'라며 가우디가 누구인지에 대한 궁금증을 유발했다.
"가우디가 누구야? 건축가야?"
그런 것도 모르냐고 핀잔을 줄 수도 있었지만, 프롱은 내게 자상하게 스페인 카탈루냐 출신의 천재 건축가라고 그를 소개해 주었다.

강렬한 태양 아래 괴상하게 생긴 건축물을 둘러싸고 줄을 서 있는 사람들 사이에서 프롱과 나는 말라가는 입술을 혀로 적셔가며 건물 내부에 들어갈 차례를 기다리고 있었다. 바로 가우디의 작품 중 하나인 '까사 밀라'를 찾았는데, 최대

한 기다림을 줄이고자 제법 이른 시간에 찾았지만, 이미 줄은 길모퉁이를 휘감아서 이어지고 있었다. 그나마 뒤로 점점 더 길어지는 줄을 보며 다행이라 생각하고 30분 정도를 기다려 입장했다.

까사 밀라는 1906년에서 1910년까지, 4년 동안 지어진 고급 연립 주택인데 가우디가 사그라다 파밀리아(Sagrada Familia)를 작업하며 첫 번째 스케치를 했다고 알려진다. 자연에서 영감을 받은 독특하고 창의적인 디자인이 인상적인 까사 밀라는 그의 다음 작품들도 보고 싶은 호기심을 일으켰고, 곧이어 찾은 빠꾸 구엘(구엘 공원)과 사그라다 파밀리아는 나에게 가우디라는 예술가에 대한 확신과 경이로움을 주었다.

재미있는 점은 소통이 많고 친근한 이웃 주민들 간의 관계를 중요시 생각했던 가우디가 까사 밀라 내부에 엘리베이터를 각층이 아닌 두 개의 층마다 하나씩 설치했다는 사실이었다. 자신의 철학을 반영한 독특한 발상과 그걸 고집 있게 현실화시킨 그의 추진력이 돋보이는 이야기가 나에게 깊은 감명을 주었다.

Once Upon a Time

비교적 가정환경이 풍족한 편에 속했던 나는, 초등학생 시절 한 반에 아직 두세 집밖에 없다는 486 컴퓨터가 있었다. 낮에는 문서작업을 위한 아버지의 도구였지만 아버지가 쓰지 않을 때는 내 친구 역할을 했다.

PC 통신도 재미있는 신세계였지만, 나를 더 흥분시키는 것이 있었는데 바로 '대항해시대'라는 게임이었다. 배경은 16세기, 배를 타고 온 세계를 누비며 돈도 벌고, 여행도 하고, 전쟁도 하는 게임이었다. 대항해시대에 얼마나 빠져있었는지 수업시간에 세계 지리, 역사에 관한 주제가 나올 때면 누구보다 자신 있게 답을 내놔 선생님이 도대체 그런 지식은 어떻게 알게 된 것이냐며 놀랄 정도였다.

게이머는 주인공으로 포르투갈 사람, 에스파냐 사람, 영국 사람, 오스만제국 사람, 이탈리아 사람, 네덜란드 사람 중에서 한 명을 골라 자신이 원하는 방향으로 발전시키는 게임이었다. 거대한 상인이 될 수도 있고, 작위를 받아 한 국가의 귀족이 될 수도 있고 혹은 악명이 자자한 해적 그리고 탐험가 등 게이머에게 주어지는 자유도가 은근히 컸다.

주로 내가 했던 캐릭터는 스페인 국적 미모의 여자 캐릭터였는데,

무지막지하게 많은 돈을 갖고 세계에서 제일 좋은 함선으로 함대를 구성해 온 세계를 돌아다닌다. 좋은 아이템을 획득하고 해적질로 명성을 알려 작위를 받아 고귀한 계급의 귀족이 되는 현실에서는 존재할 수 없는 무적 깡패 같은 캐릭터였다.

어쨌든 그 당시 나는 스페인 무적함대를 이뤄 가상 공간에서조차 16세기의 태양이 지지 않는 나라 스페인을 만들기 위해 얼마나 애를 썼는지 모르겠다. 가상 세상 속에서 역사를 구현해낼 때 생기는 쾌감이란!

사람들은 태양이 지지 않는 나라 하면 쉽게 대영제국을 떠올리기도 하지만, 사실 이 말은 15세기와 16세기 사이 전 세계를 주름잡던 스페인 최전성기 때 생겨난 말이다. 신이 불어낸 입김으로 결국 무적함대는 흩어지고 말았지만….

스페인의 태양이 지기 시작한 지 오래고, 한국에 두고 온 아버지의 컴퓨터와 함께 대항해시대를 즐기던 나의 취미도 잃어버렸다. 하지만 우리가 만났던 스페인인들의 자신감 있는 여유로움과 너그러움, 그리고 세상을 직접 발로 뛰어 여행하고 싶은 욕망이 가득한 나는 바로 다 그때 그 시절이 있었기 때문이지 않을까? Even though, it was once upon a time.

BOSSES, CINTUR
I COMPLEMENTS

여전히 유럽은 설레임

아침은 짧고 밤은 길다

날렵한 몸집에 활동적이고 발랄해 보이는 스페인 사람을 구경하며 바르셀로나 거리를 다니다 보니 우리에게도 힘이 넘치는 에너지가 전달된다.

또다른 아침을 맞으며 일찍 일어나 파에야(Paella)를 먹기 위해 부지런히 거리로 나섰지만, 도무지 문을 연 음식점을 찾아볼 수가 없었다. 우리가 알지 못하고 있는 스페인 국경일인가 싶어서 조그만 자판에서 아저씨에게 물어보니, 스패니쉬들은 보통 오후 2시쯤 시작해서 5시 사이에 점심을 먹는다고 한다. '그럼, 저녁은요?'하고 물었더니 8시쯤 돼야 식당들은 저녁 식사를 위해 문을 연다고 했다.

아침은 보통 건너뛰고, 배부르고 여유롭게 점심을 즐기고, 각종 안주와 술로 저녁을 보내는 그들. 아! 얼마나 환상적인 생활 방식인가? 내가 늘 그리던 생활 방식이니 진생이 있다면 나는 스페인 사람이지 않았을까 하고 생각했다.

농담 반 진담 반으로 중국인을 가장 싫어하는 사람이 스페니쉬라는 말이 한때 유행했었다(적어도 시드니에서는). 이유인즉, 스페니쉬들에게는 하루 6~7시간을 열심히 일하고, 많은 여가를 즐기며 사는 방식이 익숙한데, 중국인들이 일

JUICES
1,50€
COCO
1€
FRANBUESA
RASPBERRY
SANDIA
ONLY
WATERMELON
LIMÓN
MENTA
LEMON
MINT
NARANJA
MANGO
ORANGE
MANGO
FRESA
1,50€

여전히 유럽은 설레임

을 너무 악착같이 열심히 하는 바람에 그들이 상대적으로 게을러 보이는 이미지가 되어버렸다는 이야기다.

온 세상 사람 모두가 하루에 6시간씩 주 4일을 일한다고 하자. 누구도 게으르지 않고, 상대적으로 어느 나라 사람은 게으르다는 편견은 없어질 것이다.
모든 일이 순리가 있고, 순서가 있는데 내가 조금 더 잘살자고 더 일하고, 가격도 남보다 싸게 부르고, 그래야 살아남는 경쟁 사회의 현실 세계지만, 사실 그렇게 살다 보면 사회가 정말 점점 더 각박해지고 모두가 다 함께 어려워지는 거. 그런 게 아닌가? 하는 생각을 했다.

한 가지 분명한 점은 누군가는 쫓아가야 하고, 누군가는 쫓겨야 하는 게 어쩔 수 없는 자연의 섭리라면 자신의 상황을 얼마나 여유롭게 혹은 불안하게 만드느냐는 자신의 신댁이다.
지금 이 순간, 당신이 앞서있건 뒤서있건. 불안할 수 있다는 사실은 양쪽에 다 적용될 수 있듯이 여유롭고 행복할 수 있다는 사실 또한 양쪽 모두에게 해당할 수 있다는 사실이다.

Carpe Diem(현재를 즐겨라)

현재를 즐긴다면, 인생이

얼마나 더 여유로울 수 있을까?

몬주익의 기억

1992년 바르셀로나 올림픽 몬주익의 영웅 황영조, 내가 기억하고 있는 몬주익
이라는 이름은 TV를 통해서 본 바르셀로나 올림픽에서였다.

어렸을 적 또래의 친구들보다 머리가 하나 더 있을 만큼 키가 컸던 나는 긴 신
장을 이용해 운동에 뛰어난 소질을 보였다. 속셈학원, 영어학원을 다니던 또래
들과 다르게 부모님은 나를 공부하는 학원에는 보낸 적이 없고, 각종 운동 학
원에 보내는 것을 아끼지 않았다. 나를 운동선수로 키우고 싶었던 건가 싶을
정도로.

수영, 검도, 태권도 등으로 발전시킨 운동신경은 나를 학교의 육상 선수로 만
들었고, 육상부 시절 나는 8시 반, 9시쯤 등교하던 친구들과 달리 아침 7시 반
부터 등교해서 오전 9시에 수업을 시작할 때까지 한 시간 넘게 매일 열심히 뛰
었다.

딱히 마라토너나 육상 선수가 꿈은 아니었지만, 그냥 종일 뛰어도 별로 내 삶
에 불만이 없을 만큼 순수했다. 그런 과정을 겪으며 수영이나 달리기는 누구에
게 쉽게 지지 않을 자신감이 줄곧 있었는데, 호주에 오면서 그 환상은 끝이 났
다.

하이스쿨에 진학한 후 여름에 학교에서 일 년에 한 번씩 있는 수영대회에 참가했는데, 내 실력이 그렇게 형편없는지 인생에서 처음으로 씁쓸한 좌절을 맛보았다. 적어도 결승전까지는 갈 줄 알았는데, 호주 친구들의 수영 실력은 정말 대단했다. 예선전만 간신히 통과한 후 물 밖 벤치에 앉아 호주 친구들의 엄청난 수영 실력을 보며 수영장 근처에도 가지 않으리라 다짐했다.

초등학교 시절 내내 전교 10등 안에 꾸준히 들 정도로 공부도 제법하고, 학교 체육 대회 때는 계주 마지막 주자를 거의 도맡았던 일종의 엄친아 같은 나였다. 호주에 오니 나보다 좋은 신체 조건의 친구들 앞에 운동은 그냥 조금 하는 아이, 영어가 잘 안되는 보통보다 약간 아래의 성적을 가진 그저 그런 아이가 되어가고 있었다.

1992년도에 보았던 황영조 선수가 뛰던 몬주익의 언덕과 몬주익성의 풍경은 사실 별로 인상 깊지 않았지만, 뜨거운 카탈루냐의 해를 받으며 견고해 보이는 몬주익성으로 향하는 길에 나는 화려했던 나의 엄친아 시절이 떠올랐다. 내가 만약 부모님과 호주에 오지 않고 한국에서 계속 지냈더라면 지금의 나는 어디에서 뭘 하고 있을까.

여전히 유럽은 설레임

몬주익성을 거쳐 구엘 공원으로 향하는 길, 사그라다 파밀리아도 갈 예정이라 발걸음이 빨라진다. 1984년 유네스코 문화유산으로 지정된 구엘 공원도 가우디의 작품 중 하나다.

가우디는 역시나 자신만의 특별한 자연주의적인 디자인을 적용해 좋은 질의 주택들과 혁신적이고 이상적인 전원도시의 구성을 꿈꾸었지만 까다로운 입주 조건과 교통이 불편한 위치에 있는 단점을 극복해내지 못하고 훗날 바르셀로나시에 매각되어 현재의 구엘 공원이 되었다.

구엘 공원으로 가는 길은 정문 혹은 후문을 통해 가는 길 두 가지가 있는데, 언덕을 많이 올라가야 하지만, 에스컬레이터가 설치되어 있다는 어느 블로거의 글을 읽고 우리는 산동네까지 볼 수 있는 후문을 선택했다.

산동네로 올라가는 길에 지나치는 바르셀로나의 자연스러운 길거리 풍경이 멋스러웠다. 하지만 구엘 공원까지 가는 길은 그늘을 찾기 힘든 땡볕 아래 길이어서 한참을 걸으니 세계에서 가장 강한 해가 내리쬐는 것으로 알려진 호주에서 온 검은 머리 동양인 둘의 머리에서도 연기가 날 지경이었다. 9월의 카탈루냐의 해는 정말 뜨겁구나!

끝판왕, 사그라다 파밀리아

구엘 공원에서 뜨거워진 검은 머리를 지하철에서 시원하게 식히다 보니 사그라다 파밀리아(Sagrada Familia) 역에 도착했다. 지상 위로 올라가자마자 믿을 수 없을 만큼 웅장한 모습을 한 가우디 작품의 끝판왕이 우리를 기다리고 있었다. 1883년부터 시작된 공사는 아직 완공일조차 미정이고, 개인의 기부로 시작된 공사비는 이제 관광객들의 입장료 수익으로 충당하고 있었지만, 그들은 사그라다 파밀리아를 끈기 있게 완성 시켜가고 있었다.

생전에 가우디는 사그라다 파밀리아가 쉽게 완성되지 못할 것을 알고 전혀 조급하지 않았다고 한다. 그는 오히려 '내가 교회를 완성할 수 없다는 것을 슬퍼할 이유가 없다. 나는 늙을 것이지만 다른 사람들은 나를 따라올 것이다. 언제나 지켜가야 할 것은 일의 정신이고, 그것의 삶은 계승된 세대와 세대를 거쳐야만 한다.'라는 이야기를 남겼다.

요즘은 시작과 함께 큰 인기를 얻어도 같은 감독과 제작팀에 머무르지 않고, 매회 새로운 감독과 제작팀이 계속해서 시리즈를 이어나가는 대작의 영화가 제법 보인다. 어쩌면 가우디가 이미 백 년도 전에 그런 콜라보레이션 방식으로 엄청난 프로젝트를 구상하고 있었다고 생각하니 거장은 무엇이 달라도 다르다는 생각이 들었다.

GUANYÉS QUI
GUANYÉS
1714 VA SER
UN GRAN CRIM
CONTRA LA
HUMANITAT.
LA HISTORIA
DE EUROPA -
LA PEOR DEL
PLANETA -
NO ES NINGÚN
MOTIVO PARA
CELEBRARLA

혼자보단 둘

'쌀몽, 이게 뭐게?' 호주를 떠나오기 몇 달 전, 그날따라 유독 기분이 좋아 보이는 프롱은 뭔가 줄 게 있다며 등 뒤에서 유레일패스를 꺼내 들었다. 같은 유레일패스인데 한국에서 사면 더 저렴하다는 걸 알아낸 프롱은 온라인에서 티켓을 구매했는데 그 유레일 패스가 도착한 것이다. 우리는 각자의 유레일패스를 손에 쥐고 새로운 장난감을 갖게 된 아이들처럼 신이 나서 붕붕 뛰었다.

그리고 런던에서 여권 지갑에 고이 감춰두었던 유레일 패스를 사용해 드디어 프랑스 남부를 가로질러 파리로 향하는 엘립소스(Elipsos) 야간열차에 몸을 실었다. 기차 안에 들어서자 문득 몇 년 전 혼자 처음으로 기차에 몸을 싣고 호수 아웃백으로 떠나던 날이 기억났다.

아직은 알 수 없었던 무언가를 찾아내고야 말겠다는 마음가짐으로 떠났던 스물다섯 동양인 청년의 여행은 사진 몇 천 장과 태어나서 자신에게 처음으로 써 본 편지 한 장을 남기는 추억 거리가 되었다.

훗날 방 정리를 하다 책 사이에 꽂혀있는 편지를 찾아 읽어보니 어찌나 슬프게 썼던지…. 프롱에게 보여줬더니 프롱의 눈에 눈물이 그렁그렁 맺힌 채 나를 바라보며, '이렇게 외롭게 여행하지 말아. 앞으로는 내가 같이 가줄게.'

그때는 '내가 뭘 찾았나?'하는 물음으로 되돌아 왔지만, 한참이 지나 훌쩍 자라버린 지금 생각해보면 첫 번째 혼자 여행은 그냥 자체만으로 많은 것을 찾아낸 소중한 경험이었다.

프롱과 함께 밤새도록 어둠을 뚫고 달릴 기차 안에서 더는 외롭고 고독하게 여행하지 않아도 된다. 화장실을 가야 하면 프롱이 내 짐을 지켜줄 것이다.
혹여 옆 사람에게 고개를 떨굴까 봐 목에 힘을 주고 깊게 잠들지 못했는데, 이제 우리는 서로에게 기대어 파리로 향하고 있었다.

POPULAIRE
BRED
BRED

여전히 유럽은 설레임

물랭루주를 지나 몽마르트르 언덕으로 향하는 거리에서 크레페를 만들고 있는 아주머니를 발견하자 프롱은 매우 기뻐했다. 여기가 바로 크레페의 나라이지 않던가? 프롱은 치즈와 햄이 들어간 크레페를 주문했는데, 아주머니는 주문을 받자마자 일 분도 채 걸리지 않고 뚝딱 만들어 주었다. 평소 빵 종류를 즐기지 않는 내가 먹어도 정말 맛이 훌륭했다.

식사하고 나면 케이크나 아이스크림 등의 디저트를 즐기는 프롱과 달리 나는 디저트를 전혀 즐기지 않는 종류의 사람이다. 디저트 대신 와인 한 잔이나 맥주를 즐기고는 한다. 평생 디저트를 모르고 사는 아버지를 닮아서인지 식사를 할 때 디저트 배를 남겨놓는 습관을 들이기가 참 힘들었다. 또 대부분 디저트는 왜 그리도 단지.

그런 내가 프롱을 만나 입에 넣어주는 아이스크림 한 입, 케이크 한 조각을 거부할 수 없어 먹다 보니 어느새 이제는 밥 먹고 나면 케이크 한 조각을 찾는 사람이 되어있다. 사랑하는 사람끼리는 서로 닮아간다는 말이 이런 거 아닌가 싶다.

Kick me

에어컨을 너무 세게 틀고 자서인지 바르셀로나를 떠나오던 날부터 감기를 앓고 있었다. 물랭루주 근처의 약국에 들어가서 감기약 몇 개를 사서 먹고 감기 기운 반 약 기운 반으로 몽마르트르 언덕에 도착했다.

많은 화가의 동경의 장소인 몽마르트르 언덕 위 사크레쾨르 성당 한쪽 계단에 별로 멋지지 않은 모습으로 쭈그려 앉은 미대 오빠는 성당 내부를 구경하러 들어간 미대 동생을 기다리며 코를 질질 흘리고 있었다.

대성당 앞에는 이상한 잡상인들이 나는 팽이 같은 물건을 계속해서 공중에 던졌다 잡기를 반복하고 있었는데, 제대로 잡지도 못해 지나가는 관광객이 그 팽이에 맞기 일쑤였다. 몸도 안 좋은데 그걸 보고 있으니 정신이 사나워서 성당 내부 구경을 마치고 나온 프롱에게 인제 그만 내려가자고 했다. 내려가는 길에 랩스타 같이 잘 차려입은 상인이 다가와서 이거 한번 해보라며 이상한 줄을 내밀어 손가락을 넣어보라고 권한다. '이거 뭐지? 해볼까?' 하는 순간 프롱이 킥으로 날 림보 상태에서 깨워준다.

"쌀몽 어서 가. 손가락 넣으면 저거 사야 해."
오늘은 왠지 일진이 좋지 않다.

슬리퍼파 워커파

온통 새롭고 신기한 것들과 만나는 우리의 여행길, 대부분 여행자가 그렇듯이 여행 중에는 우리도 펭귄이 되어 하루 평균 6~7시간 정도는 기본으로 걷게 된다. 사실 새로운 곳에 와서 직접 두 발로 걸어 다니며 이것저것 구경하는 것만큼 가장 원초적이고 즐거운 일이 또 있을까?

문제는 프롱의 발이었다. 발이 답답한 것을 매우 싫어하는 프롱은 어딘가에 부딪힌 것인지 발에서 피가 나고 있었는데 그래도 운동화는 신지 않겠단다.

일 년 내내 영상 10도 이하로 떨어지지 않는 시드니에서는 별로 춥지 않아서 그러려니 하지만, 어떻게 슬리퍼를 신고 6~7시간 걸을 생각을 한단 말인가?
평소, 운동화는 물론이고 빡빡한 줄로 발목까지 꽉 조이는 워커를 즐겨 신는 나는 잘 이해가 가지 않는다. 그런 나를 프롱도 이해하지 못하지만.

호주에서 왔어요

파리 중심지에서 대중교통으로 약 20분 정도 위치에 있는 크리미(Crimee)라는 동네에 숙소를 정한 이유는 파리 중심지에 있는 호텔들이 비싼 이유도 있었지만, 런던을 지나 바르셀로나를 거치고 나면 한식이 먹고 싶을 것 같은 이유도 있다.

민박집을 소개하는 한국 웹사이트 중 한 곳에서 저렴한 숙소를 찾았는데, 한식으로 아침을 준다는 말에 주저 없이 파리에서의 숙소를 정했다.

숙소 아주머니는 파리에 이민 온 지 얼마 안 되었다고 말한 거로 기억하는데, 프롱이나 내가 호주에 이민을 간지 몇 년 안 되었을 때의 기억을 떠올리게 할 만큼 혼란스러운 집에서 한국인 여행자들을 상대로 게스트하우스를 운영 중이었다.

여기서 말하는 혼란스러움은 보통 이민을 하면 처음 몇 년 동안 새로운 환경에 적응하느라 어쩔 수 없이 야기되는 것에 대한 이야기다. 집안의 가구들은 대부분이 중고라 흠집이 나지 않은 곳이 없고, 색들은 다 제각각이며, 디자인도 일관성을 찾을 수가 없다. 누군가 귀국하며 귀국세일을 할 때 물건들을 장만해서 온갖 잡동사니들이 집안을 뒤덮기 일쑤인 뭐 그런 혼란스러움을 말한다.

아주머니는 씩씩해 보였지만 너무 피곤해 보여서 안쓰러운 마음이 들었다. 하루는 저녁 내내 숙소 아주머니와 아저씨께서 보이지 않아 궁금했는데 다음 날 아침 김치찌개를 끓여 아침을 먹으라고 우리 방문을 똑똑 노크하면서 밥상을 가져다주었다. 아주머니는 숙소를 원하는 사람이 있어서 아저씨와 함께 근처

여전히 유럽은 설레임

친구분 집에서 잤다고 하는데 그 말을 듣고 나니 남 일 같지 않아서 김치찌개를 먹는 프롱과 나는 마음이 가벼울 수가 없었다.

숙소 아주머니는 틈만 나면 이민자의 애로사항에 관해서 이야기하였는데, 주로 비자 받기가 정말 힘든 일이라고 했다. 그래도 파리처럼 낭만적인 도시에서 숨 쉬고 있다는 게 얼마나 행복한 일인지에 대한 얘기도 하였다. 우리를 포함한 여행자들이 한국에서 뭐 하는 사람인지, 유럽 여행은 어디에 얼마나 있을 계획인지 등에 관해서도 궁금증이 많았다.

평소 사생활에 관해 이야기를 할 때는 조심스러운 우리라, 아주머니의 무차별적인 질문 폭탄이 사실 조금 부담이기도 했다. 우리에게 외국 생활이 어떤지에 대해서 이야기를 시작하였는데 뭐 우리 부모님들께서 우리를 호주에 데리고 이민을 왔을 때 겪었던 일들이 대부분이라 별다른 얘기를 안 하고 듣고만 있으니 우리가 공감을 못 하는 줄 알고 도무지 이야기가 끊이지 않았다.

우리의 유럽 여행 일정이 얼마나 되는지 궁금해 하는 아주머니께 한 달 반이라고 이야기했더니 대체 한국에서 무슨 일을 하는 젊은이들 이길래 하며 질문 폭탄을 던지기 시작하였다.

"저희 호주에서 왔어요."
"알만한 사람들이네~"
아주머니는 그제야, 멋쩍게 웃으며 우리를 놔주었다.

개선문 바로 앞 샤를 드 골 에투아르(Charles de Gaulle Etoile) 역에서 지상으로 복귀한 우리는 웅장한 개선문의 모습을 여러 각도에서 둘러본 뒤 샹젤리제 거리를 구경하며 콩코드 광장으로 향하고 있었다. 17세기 초까지는 아직 논밭으로 이루어져 있던 샹젤리제 거리는 현재 극장들과 카페 그리고 명품 가게로 유명한데 매년 7월, 3주 동안 계속되는 유명한 사이클 대회 투르 드 프랑스(Tour de France)의 결승선이기도 하다.

개선문에서 콩코드 광장까지 이어지는 약 1.9 킬로미터의 거리는 눈이 부시도록 아름다웠다. 혹 누군가는 세계에서 가장 아름다운 거리라고 표현을 할 정도다. 고급스러운 돌들로 둘러싸인 길과 건물들, 세계적인 명품 매장들, 너무 아름답고 비싸서 아직은 우리가 소유할 수 없는 샹젤리제 거리를 걸으며 나중에 더 능력 있는 우리가 되면 그때는 파리 시내 중심가에 숙소를 잡고, 서로에게 기가 막히게 멋진 무언가를 선물하자고 약속했다.

고철 아가씨의 내면

역사가 겨우 200년을 넘은 호주에서 학교에 다니고 자란 나는 학생 시절 호주 현대사를 공부하며 세상에 이렇게 재미없는 역사 시간이 또 있을까 했다. 그도 그럴 것이 수많은 위인과 굴곡이 심한 긴 역사를 가진 한국 역사에 익숙했던 나에게, 금광을 찾아낸 인물이니 영국에서 발령받아 온 첫 번째 호주 정치인이니 하는 내용이 재미있을 리 없었다.

고철 아가씨(The Iron Lady)라는 별명을 가진 에펠탑(Eiffel Tower)은 사실 처음 완성되고부터 수없이 많은 예술인과 시민들에게 눈에 거슬리는, 심지어 도시의 미관을 해치는 고철 덩어리라는 비난을 받았다. 대문호 모파상(Maupassant)은 에펠탑을 혐오하는 대표적인 인물이었는데, 이상하게도 에펠탑 내에 위치한 식당에서 식사를 자주 하기로 유명해 물었더니 그 이유가 파리 내에서 탑을 안 봐도 되는 유일한 곳이기 때문이라고 말했다고 한다.

파리시의 야경을 감상하고 싶어 찾아간 에펠탑은 가까이 다가갈수록 '히야 정말 고철 덩어리네…' 하고 별명이 자연스럽게 연상되었다. 하지만 긴 줄을 기다려 토머스 에디슨이 디자인한 것으로 알려진 엘리베이터를 타고 에펠탑 위로 향하니 살아있는 역사 속으로 깊이 들어가고 있는 기분이 들어 가슴이 뛰었다.

루브르 박물관으로 향하는 지하철 안에서 나는 가슴을 가로지르는 지갑과 여권, 전화기가 든 작은 가방이 너무 거추장스럽게 느껴졌다. 평소에는 바지 뒷주머니에 지갑을 넣고 다니는데 바르셀로나에서 몇 번의 주의를 받은 후 일찌감치 습관을 포기했다. 파리에 오자마자 작은 가방을 사서 둘러메고 다녔다.

한쪽 어깨에는 카메라, 다른 쪽 어깨에는 가방을 둘러메고 파리를 계속 돌아다니니 절로 한숨이 나왔다. 웬 한숨이냐는 프롱에게 나는 '이렇게 멋진 도시에서 마음 놓고 다니지 못하는 현실이 참 슬프지 않아?'

범죄율이 낮고 소매치기가 거의 없는 시드니나 한국에서는 하지 않아도 되는 방어적인 행동들이, 기본적인 인사밖에 할 줄 모르는 불어만큼이나 불편하고 어려웠다.

루브르(The Louvre) 앞에 도착하자 아니나 다를까 집시로 보이는 여자가 불쑥 종이와 펜을 내밀며 사인을 해달라고 한다. '아. 그 말로만 듣던 소매치기다.' 순간 본능적으로 이게 뭐냐고 물어볼까 하다가 프롱과 나는 못 들은 척 가던 길을 계속 갔다. 아쉬움이 남는 파리여행이다.

새로워진 옷과 마음으로

집 떠나온 뒤 우리를 채우고 있는 건 새로운 지식과 경험 외에도 한 가지가 더 있었다. 러기지안 대부분을 차지하고 있던 옷의 숫자가 줄어들고 빨래를 모아두는 비닐 가방의 부피가 커져 가방을 가득 채웠다.

처음 파리에 도착했을 당시 숙소 근처를 산책하며 발견했던 작은 세탁소에서 파리에서의 마지막 일정을 보내기로 했다. 세탁물을 세탁기 안에 넣었는데 벽에 붙은 불어로 된 사용설명서를 프롱과 한참 머리를 맞대고 읽어도 도무지 어떻게 사용하라는 건지 이해할 수가 없었다. 이럴 때 보면 바보랑 왕바보가 여행하는 느낌이다.

마침 옆에 있던 아주머니들이 우리를 불쌍히 여기고, 선뜻 도움을 주고서야 세제를 품은 세탁기가 돌아가기 시작했다.

빨래가 마를 때 나는 특유의 세제 냄새가 향긋하게 배어있는 세탁소 안에서 의자 두 개를 놓고 앉아 세탁소 밖으로 지나치는 파리지앵들의 일상 풍경을 구경했다. 프롱과 살면서 한 번도 해보지 않은 세탁소 데이트를 하는 시간이 꽤 낭만적이었다. 한 시간 반가량 동안 이런 얘기 저런 얘기를 나누고 따뜻하게 마른빨래를 드라이기에서 꺼내 숙소로 돌아가는 발걸음이 가볍다.

다음날 새벽 우리는 다시금 말끔하진 옷과 마음으로 테제베(TGV)를 타고 옥토버페스트(Oktoberfest)가 한창인 뮌헨(Munich)으로 향한다.

0
2

born

in

korea

지켜줄게

테제베 (TGV)를 타고 약 4시간을 달려 슈투
트가르트(Stuttgart)에 도착했다. 기차를 갈아
타기 위해 플랫폼을 확인하는데, 매점에 진열
된 독일식 빵과 소시지들이 먹음직스러웠다.
간단하게 샌드위치와 소시지를 사 와서 플랫
폼 한쪽에 앉아 먹으려 하는데, 정말 말도 안
되게 많은 양의 비둘기들이 우리에게 몰려들
었다.

하늘을 나는 새들의 모습이 자유롭고 아름답
다고 느끼는 나와 정반대로, 프롱은 하늘을
날아다니는 동물들을 싫어하고 무서워한다.
어르고 달래가며 프롱이 비둘기 공포를 극복
하길 바랐지만, 곧 울어버릴 것 같은 표정으
로 눈물이 맺혀가고 있는 프롱의 눈을 발견하
자 내 위로가 소용이 없음을 알았다.

'프롱. 내가 비둘기한테서 지켜줄게.'

여전히 유럽은 설레임

옥토버페스트 기간 10배 넘게 비싸지는 뮌헨의 숙박료가 부담스러웠던 우리는 시내에서 조금 떨어진 다글핑(Daglfing)이라는 동네의 민박집을 찾았다. 전혀 기대하지 않았는데 숙소로 향하는 동안 눈에 비치는 다글핑의 풍경은 깨끗하고 아름다웠다.

키가 큰 노랑머리의 독일인 주인이 나올 것이라는 예상과 달리 아주 진한 검정머리가 인상적인 동양인 아주머니가 문을 열어 반겨주었다. 간단히 집을 소개해준 아주머니는 좋은 인상을 지닌 분이었다. 작고 긴 눈이 한국 사람 같아 보이기도 했지만, 도무지 어디에서 왔는지 가늠하기 어려울 만큼 독일어 발음이 묻어나는 영어가 능숙했다.

우리가 쓰게 될 방을 소개하던 아주머니는 불쑥 우리에게, 영어로 "한국 사람이에요? (Are you guys Korean?)"라고 물었고, 그제야 "당신도 한국 사람이군요! (You must be Korean too!)"라고 대꾸하자, "맞아요, 나도 한국에서 왔어요. (Yes, I am also from Korea)"라고 말하며 본인도 한국 사람임을 밝혔다.

아주머니는 오래전에 이주했는지, 한국말을 거의 못해서 마주칠 때마다 영어로 대화를 나누어야 했다. 다글핑에 머무는 동안 독일인 남편과 함께 우리가 한국 사람이라고, 지나칠 때마다 다른 외국인 여행자들보다 더 반가워해 주고 호의를 베풀어 주었다.

그들만의 방식

10월이면 독일 최대의 민속축제 옥토버페스트에 참여하기 위해서 독일 각지
는 물론 외국에서도 많은 사람이 뮌헨으로 모여든다. 기차역에서 마주치는 건
장한 독일 청년들은 밤새 맥주를 마시고 놀다가 뮌헨에 도착했는지 이른 아침
부터 술에 취한 모습이다.

밤새 술을 마신 게 분명한데 그 상태로 옥토버페스트 텐트로 향했다. 그리고
텐트 안에서 온종일 맥주를 마시고 놀다가 밤이 되면 대부분은 예약해둔 숙소
로 가서 술을 마시는 게 아니라 다시 기차를 타고 밤새 맥주를 마시며 집으로
돌아간다고 한다.

그렇게 약 2주가량 온 도시가 맥주에 취해 있었지만, 어디에서도 악취는 풍기
지 않았다. 흥미로웠다.

WILLKOMMEN ZUM
OKTOBERFEST
2013
201
ISCHER VRONI
PAULANER
PAULANER
Büro

여전히 유럽은 설레임

옥토버페스트는 1810년 10월 12일 바이에른(Bayern)의 세자 루트비히 (Ludwig) 1세와 테레제(Therese) 공주와의 결혼을 기념하기 위한 경마경기를 계기로 시작되었다. 축제가 열리는 뮌헨 서부에 있는 광장의 이름은 공주의 이름인 테레지엔비제(Theresienwiese)에서 따왔다. 처음에는 독일인들만의 민속 축제였지만 시간이 지날수록 규모가 커져 이제는 세계 최대 규모의 민속 축제가 되었다.

넓은 광장을 걸어 오랜 전통의 양조사들이 만든 각각의 대형 텐트들을 구경하며 어디를 들어갈까 고민하던 우리는 호주에서도 자주 봐서 익숙한 유명한 양조사의 텐트 안으로 들어섰다. 흥이 절로 나는 빠른 비트의 음악이 울려 퍼지는 텐트 안에서 사람들은 서로 팔짱을 끼고 말 그대로 하나가 되어 즐겁게 보내고 있었다. 한쪽에 자리를 잡고 우리도 1 l 크기의 맥주를 하나씩 집어 들고 '건배!'

배가 고팠던 우리는 주문한 하얀색 소시지를 통째로 먹으려고 하는데, 옆에 앉은 독일인 아저씨가 그 모습을 지켜보다 말을 건다.
"어이! 그 하얀 껍데기는 벗기고 먹는 거야."

한곳에서 오래 앉아있는 것도 나쁘지 않지만, 이곳저곳 텐트를 옮겨 다니며 여기서도 한 잔, 저기서도 한잔하는 것도 괜찮은 생각 같았다. 나가는 건 쉽지만, 인기가 많은 텐트를 재입장하려면 정말 한참을 기다려야 했다.

오펠님께서 뮌헨을 방문했을 때

호주는 만 열여섯 살이 되면 운전 면허증을 취득할 수 있다. 나 같은 차 바보들은 16번째 생일이 다가오기를 기다리다가 생일이 지나자마자 면허증을 따기 위해 RTA로 향한다.

단번에 면허시험에 합격해, 보란 듯이 면허증을 따오자 부모님은 정말 거짓말처럼 나에게 독일제 파란 차를 선물해주었다. 독일에서 만든 차라고 해도 호주에서는 홀덴 엠블럼을 달고 출시되는 비교적 저렴한 차 중 하나였다.

세상에 태어나서 처음 갖게 된 내 차를 너무 사랑했던 나머지 내 방의 침대를 마다하고 차에서 잠을 청하기도 했었다. 그리고 자동차 마니아가 득실거리는 괜찮은 평판의 인터넷 자동차 카페를 찾았다. 자기소개를 기재한 후 정회원으로 승격해 호주에서 오펠을 타는 오펠님이 되었다.

나는 자동차 카페에 전 세계에서 접속하는 회원을 통해 여러 가지 정보를 공유하며 언젠가는 벨기에에서 만드는 독일 차 브랜드 오펠이 아닌 독일에서 만드는 진짜 독일제 자동차를 타게 될 꿈을 꾸기 시작했다. 그런 내가 뮌헨을 방문해서, BMW 벨트(Welt)를 들리지 않았을 리가 없다.

드림카

나는 편안하고 고급스러운 차보다는 활동적이고 거칠며 빠른 차를 좋아했다. 어렸을 때부터 꿈꿔오던 차가 하나 있었는데 BMW의 M 시리즈다. 대학교를 졸업하고 취직이 확정된 나는, 기세를 몰아 모아둔 돈을 몽땅 들고 멜버른으로 날아가, 호주의 한 유명 영화감독에게서 5년 된 Z4 M을 구매해 시드니로 돌아왔다.

특유의 우렁찬 직렬 6기통 엔진 소리를 내며 거리를 지나갈 때면 사람들은 부러움 가득한 시선으로 Z4를 바라보았다.

나는 손에 딱 맞는 타이트하고 무거운 핸들을 가볍게 돌려 코너에 진입한 후 뒷바퀴를 살짝 미끄러뜨리며 코너를 탈출하는 기술에 심취해 넓은 시드니 바

닥을 동에서 번쩍, 서에서 번쩍하였다.

진한 블랙이 아름다웠던 Z4는 회사에서 인정받지 못하고 고통스러운 시간을 보내던 나의 친구이자 연인 그리고 지켜내야 할 삶의 이유였다.

나의 운이 바닥이 나기 시작했던지, 행복은 얼마 가지 못하고 약 1년이 지나자 Z4는 가끔 길을 가다 퍼지기도 하고, 큰돈이 들어가는 부품을 갈아 줘야 할 시기가 겹쳤다. 특별한 존재답게 Z4를 이루고 있는 부품들은 쉽게 구할 수도 없을뿐더러 가격 또한 어마어마하게 비쌌다.

내가 벌어들이고 있는 돈이 주머니에 남아 있지 않게 되자 더는 Z4를 타지 못하고 유난히 추웠던 시드니의 어느 겨울날, 길가에 Z4를 세워두고 한동안 말없이 운전석에 앉아 팔기를 결심했다.

Die schönste Aussicht
über München und Umgebung
vom Turm
"Alter Peter"

여전히 유럽은 설레임

비록 청소년기를 호주에서 보내기는 했지만 어린 시절 분단의 아픔을 직접 느꼈던 우리에게 성공적으로 통일이 된 독일의 모습은 부러움의 대상이다.

어렸을 적 나는 여름이면 강원도 강릉 구정면 여찬리에서 외할머니가 쪄주는 옥수수를 먹고, 겨울이면 갓 캔 감자로 만든 감자전을 먹으며, 사촌 형들과 꿈 많은 유년 시절을 보냈다.

아버지는 그런 내가 호주에 와서 혹시나 한국인으로서의 정체성을 잃을까 봐 한국 이야기를 자주 했다. 호주를 방문했던 친척들과 친구들도 한국인의 정체성을 잃지 않고 커가는 나를 격려하곤 했다.

나는 여행을 계획하며 베를린에 더 가고 싶었다. 일정상 베를린은 다음을 기약했지만, 옥토버페스트에 방문해, 서로 팔짱을 끼고 하나가 되어 음악 소리에 맞춰 노래를 부르는 독일인들의 모습을 보니, 통일이 되어서 하나가 된 남한과 북한 사람들도 어우러질 수 있다는 상상이 되어 가슴 한편이 울컥했다.

런던, 바르셀로나, 파리 등을 지나는 바쁜 여행 일정을 소화하느라, 우리도 모르게 조금 지쳐있었는지, 옥토버페스트에서 보내는 일정은 집 떠나 맞는 첫 번째 주말 같았다. 활기찬 독일인의 축제를 함께하고 나니 우리에게도 좋은 기운이 전파되는 것 같았다.

하나가 되어 부러운 나라, 멋진 차들의 고향, 흥겨운 축제가 있는 곳.
'뮌헨 안녕! 독일 안녕!'

행복해서, 너무 행복해서

우리는 토요일 아침 7시 27분 기차로 체코(Czech Republic)의 체스키크룸로프 (Cesky Krumlov)를 향해 떠났다. 세 번이나 기차를 갈아타야 하는 쉽지 않은 여정이었지만, 이동 중 마주친 오스트리아와 체코의 시골 풍경들은 정말 값으로 따질 수 없을 만큼 낭만적이고 아름다웠다.
시골을 지나다니는 기차라 그런지 사람도 거의 없어서 우리는 마치 일등석 한 칸을 통째로 빌린 것처럼 다리를 쭉 펴서 낮잠도 자고, 사진도 찍으며 편안하게 여행할 수 있었다.

기차 안에서 창밖으로 빠르게 지나치는 풍경들을 바라보고 있으니 문득 순식간에 지나가 버린 우리의 런던, 바르셀로나, 파리 그리고 뮌헨에서의 순간순간들이 벌써 아련하게 느껴지고 다시 되돌리고 싶어졌다.

여행이 끝나면 다시 일상으로 복귀해야 한다는 사실을 잊고 싶어 눈을 감으니 밝은 햇살이 눈꺼풀을 패널 삼아 여러 가지 잔상을 투사하고 있었다. 복잡한 생각들과 감정이 섞이니 눈물이 되어 감은 눈 사이로 삐져나와 내 볼에 흐른다. 프롱이 내 모습을 지켜보고 있을지도 모른다고 생각하니 깜짝 놀라 없는 하품을 만들어 고개를 돌렸다.

싱숭생숭한 마음은 체스키그룹로프 역에 도착해서 또다시 지도를 펴고 숙소를 찾기 위해 바쁘게 움직일 때까지 계속되었다.

오래된 마을 안에서

언제 만들어졌는지 감도 오지 않는 주황색 자동차 한 대가 크롬로프 역에서 나오는 우리를 반겨주었다.

나는 방금 공장에서 나온듯한 멋진 새 차도 좋아하지만 이렇게 오래된 차도 사랑한다. 특히 일본을 여행할 때는 정말 오래된 차들이 잘 관리되어, 검은 매연도 뿜지 않고 조용히 거리를 달리는 모습에 감탄했었던 기억이 난다.

호주는 한국보다 평균적으로 차를 오래 타는 편이지만 그래도 오래된 차들은 부품도 구하기 힘들뿐더러 능숙한 정비사가 적어 잘 관리하며 오래 타기가 쉽지 않다.

마을까지 택시를 타는 방법도 있었지만, 자동차 주인의 정이 녹아 있는 듯한 차를 지나 우리는 걷기 시작했다. 마을까지 가는 길이 예쁠 것 같은 느낌이 컸기 때문이다.

걷다 보니 생각보다 가깝지 않았고, 예쁘지도 않았으며, 길도 울퉁불퉁 언덕이 많아서 생각만큼 쉬운 길이 아니었다. 우리 둘의 가방 견고도 테스트를 하는 것처럼 느껴질 정도로.

소문을 들어 예상은 했지만, 체스키크룸로프라는 곳이 이런 곳일 줄 정말 몰랐다. 마을 입구에 당도하자마자 우리는 서로를 마주 보며 활짝 웃음을 지었다.

HAIR STUDIO BEAUTY
SHAKESPEARE & SONS
ENGLISH BOOKS
APARTMENT
SOUKENICKÁ 44
NINA
ROSETA
KERAMIKA
KERAMIKA
VÁCLAV
Pizza Gyro

매력적인 풍경

매력적인 마을의 풍경에 반해 여기도 기웃, 저기도 기웃거리다 보니 서너 시간이 지났지만, 한 시간도 안 된 것처럼 빨리 시간이 갔다. 체스키크룸로프 마을의 전체적인 느낌도 감탄스러웠지만, 천천히 구석구석을 보아도 예쁘지 않은 곳이 없으니 길을 잘 못 들어 지나갔던 곳에 다시 가도 새로운 면을 발견해서 좋았다.

여행하는 동안 서로 사진 찍어주는 것을 좋아하지만 정작 둘이 함께하는 사진은 생각보다 많이 남지 않아서 항상 서운했던 프롱은 이번 유럽 여행을 위해 무선으로 카메라 셔터를 조작하는 리모컨을 샀다. 유럽에 온 후 아직 제대로 써 본 적이 없다며 길을 걷다 불평 아닌 불평을 터뜨려서 리모컨으로 사진을 찍자고 했더니 마침 숙소에 두고 왔다고 한다.

마을을 뱅글뱅글 돌아다녀서 그렇지 숙소와 별로 멀지 않은 위치에 있을 것 같아, 나는 지도를 확인하고 프롱에게 숙소에 갔다 오자고 했다. 체스키크룸로프는 마을 끝에서 끝을 걸어도 30분도 걸리지 않았다. 순식간에 숙소로 가 리모컨을 가지고 와 사진을 찍기 시작하자 프롱은 어린아이처럼 좋아한다.

그 후 우리는 외출할 때 어떤 렌즈를 가져갈 것인지, 카메라의 보조 배터리가 필요한지, 메모리 카드의 용량은 충분한지, 재킷은 입고 갈 것인지 밀 것인지 등의 문제를 고민하지 않고, 틈만 나면 숙소에 다녀오는 버릇이 생겼다.

여전히 유럽은 설레임

예쁜 유럽의 시골 마을

독특한 중세 마을의 모습을 고스란히 담고 있는 체스키크룸
로프는 사실 사회주의 국가 시절 많은 부분이 훼손되었다.
다행히 1989년 비폭력 혁명으로 알려진 벨벳 혁명을 계기
로 체코의 공산당 정권이 무너진 후, 훼손된 많은 부분이 복
구되었다. 사실 원래 모습이 어땠었는지, 뭘 알아야 어느 부
분이 훼손되었고, 어떻게 복구되었는지 알 수 있을 텐데 하
는 아쉬움이 남았다.

우리가 보기엔 너무 예쁜 유럽의 시골 마을 그 자체였다.
1989년에 태어난 프롱과 1989년 혁명을 계기로 복구된 체
스키크룸로프에서 나는 1989년과 나 사이의 터무니없는 인
연 맞추기 놀이에 잠시 빠져버렸다.

세상에서 가장 아름다운 밤

어렸을 적 나는 밤이 무서웠다. 1990년대의 어느 가을, 추석을 맞아 온 가족이 강원도 강릉에 모였었다. 나를 포함한 가족들은 제비리라는 작은 마을에 있는 친척 집에 들렀다가 할머니 집이 있는 여찬리까지 컴컴한 시골길을 산책 삼아 걸어가고 있었다. 시골길이니 제대로 된 인도가 있을 리 없었고, 길가에 가로등은 500m는 가야 하나가 나올 만큼 어두웠던 그 밤, 나는 가족들과 함께 있음에도 너무 무서워서 길을 가다 몇 번이나 오줌을 쌌는지 모른다.

나의 마음과는 달리 어른들은 연신 '우와~ 저기 좀 봐봐. 별이 아주 쏟아지네! 쏟아져!', '저건 분명 북두칠성일 거야!'라고 외치며 나와 형들에게 하늘을 보라고 하였다. 하지만 나는 강릉의 달밤을 전혀 즐기지 못하고 전설의 고향에서나 나올 법한 어두운 밤길이 빨리 끝나기만을 바랐었다.

체스키크룸로프에서 처음 맞는 밤이 찾아오고 있었다. 길거리의 황금빛 가로등은 스머드는 어둠을 밝히기 시작하고, 부드러운 갈색의 지붕 한쪽에 뚫려있는 굴뚝에서 솟아오르는 연기는 온 도시를 훈훈하게 달구는 듯 느껴졌다. 사람들은 작은 중세마을에서 맞게 되는 가을밤이 행복한지 여기저기서 웃음소리가 멈추지 않았다.

만약 나에게 세상을 살면서 가장 아름다운 밤을 꼽아보라고 한다면, 나는 주저없이 내가 전혀 즐기시 못했던 1990년대 강릉의 밤과 프롱과 함께 마음껏 만끽했던 체스키크룸로프에서의 밤을 꼽을 것 같다. 그 밤들, 모두 가을밤이었다.

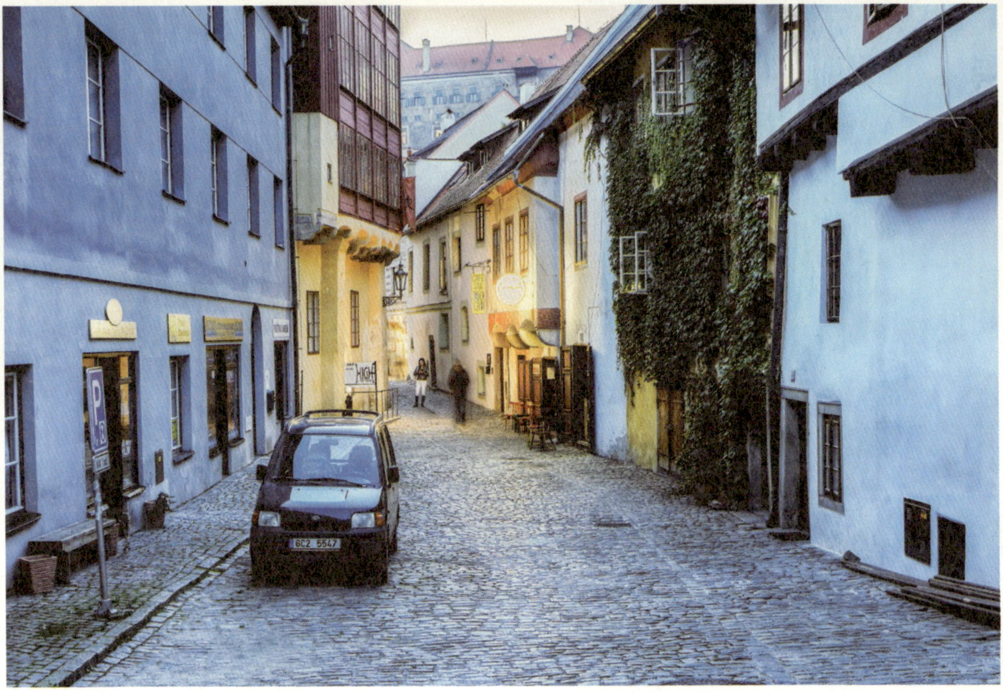

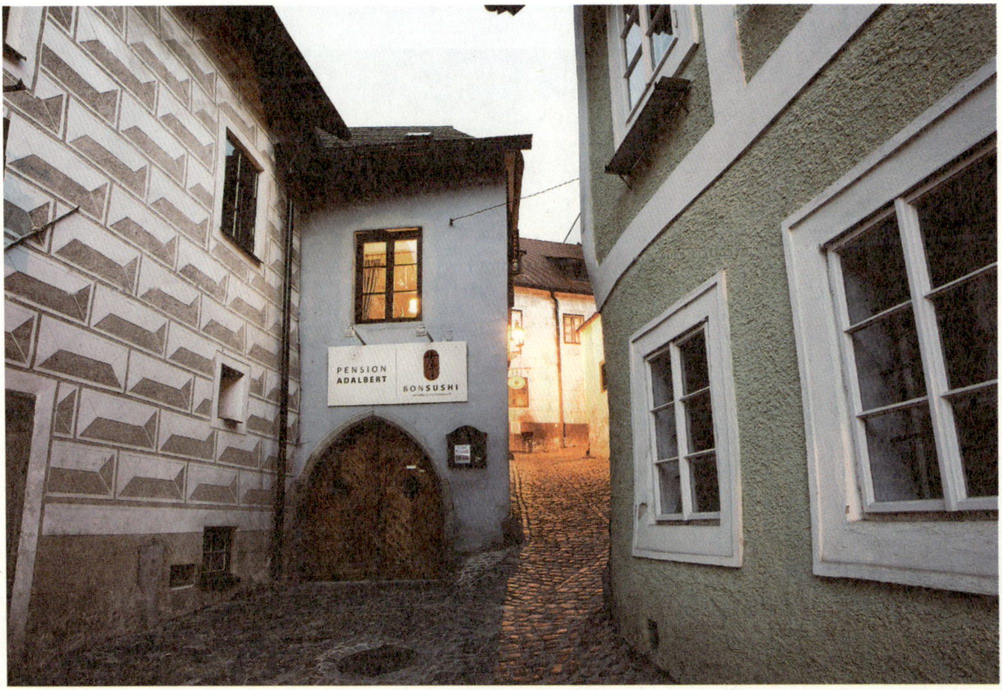
PENSION
ADALBERT
BONSUSHI

여전히 유럽은 설레임

보헤미안 단상

우뚝 솟아 있는 크룸로프성과 함께 시작한 체스키크룸로프
의 역사는 13세기로 되돌아간다. 보헤미아성으로는 체코의
프라하성 다음으로 큰 규모를 자랑하는데, 14세기 보헤미아
의 대영주 로젬베륵(Rozmberk)의 통치 아래 최전성기를 누
렸던 도시는 19세기 공산 정부에 넘겨지고 나서야 일반인
들에게 공개되기 시작했다. 크룸로프성은 현재까지도 중세
의 모습을 거의 완벽하게 보존하고 있었다.

보헤미아 지방의 한 예쁜 마을에서 자유로운 삶을 동경하는
미대 오빠와 평생을 자유롭게 여행하며 사는 나그네가 꿈인
미대 동생은 우리를 찾아온 또 다른 아름다운 밤에 감사해
하고 있었다.
둘은 행복이란 마법에 걸려 각자가 생각하는 이상적인 미래
의 모습에 관해 이야기했다. 그리고 서로가 마음속으로 그
려온 미래의 모습이 많은 부분 닮아있다는 사실을 확인할
수 있었다.

여전히 유럽은 설레임

살다 보면

체스키크룸로프의 매력에 흠뻑 취한 우리는 문득, '유럽 어딘가 혹
은 통일이 된 한국에 살았더라면, 차를 타고 이곳까지 여행할 수 있
었겠지'하는 이야기를 나누고 있었다.

프롱과 처음 만나 함께 맞이했던 방학에 시드니에서 케언스까지 왕
복 6,000킬로미터가량 되는 거리를 차로 여행했던 우리에겐 도전
욕구를 불러일으키는 일이기도 했다.

중국을 가로질러 키르기스스탄과 우즈베키스탄을 지나 카자흐스
탄, 러시아, 우크라이나, 루마니아와 헝가리 그리고 슬로바키아를
거쳐 체코에 도착하는 대장정은 상상만 해도 정말 짜릿했다. 체코
에 온 김에 독일도 한 번 더 들리고 뭐 내친김에 스페인도 한 번 더
다녀오고.

사람 일은 모른다고, 건강하게 잘 지내다 보면 좋은 일이 생겨 지금
은 말도 안 되는 일이 가능해질 수도 있지 않을까 생각을 해본다.

족발

평소 내가 족발과 닭발 요리를 자주 즐기는 걸 보며 프롱은 '남의 발 먹는 걸 그렇게 좋아하냐'고 이야기 한다. 뮌헨(Munich)에서 먹었던 슈바인 학센(Schweinshaxe)과 '이발사의 다리 옆'에 있는 맛집에서 다시 찾은 꼴레뇨(Koleno)는 사실상 같은 음식이나 마찬가지다. 엄밀히 따지면 돼지의 발 끝부분을 제외한 너클(knuckle), 무릎 관절 부위의 음식인데 서양식 족발로 이미 많은 한국인에게 알려져 있다.

시드니에서도 독일 맥주 전문가게에 가면 맛 좋은 슈바인 학센을 먹을 수 있지만 사실 맛있는 한국식 족발은 찾기가 힘들다. 주로 한인 마트에서 파는 포장된 냉장 족발이 많다. 많은 한식집 중에서도 족발을 잘한다고 알려진 식당은 손에 꼽을 정도다.

몇 년 전 한국을 잠시 방문했을 때 친구들을 만나러 분당에 간 적이 있는데, 친구가 족발을 먹으러 가자는 말에 사실 나는 별로 반갑지 않았다. 맛있는 음식이 많은 한국에서 소중한 하루 저녁을 족발로 먹고 싶지는 않았기 때문이다. 그러나 분당의 어느 족발 전문집을 경험하고 난 후 그게 다 수준 낮은 냉장 족발에 익숙해져서 그런 것임을 깨달았다. 시드니에서 오래 살아서 감 떨어진 촌놈은 '아… 족발이 원래 이런 요리였구나!' 하고 깊은 감탄을 했다.

한국 족발이 부럽지 않은 이 밤, 딱 하나 소주가 한잔 있었으면 좋겠다는 생각을 했다.

무언가 다른 분위기

프라하(Prague)에 도착하면 추워질 거라 예상했지만, 막상 도착해보니 여기는 가을도 아닌 겨울이었다. 부피가 큰 겉 옷이 긴 여행 중 부담스러워 참고 있었지만 더는 망설일 이 유가 없어서 두툼한 겨울옷을 입고 바츨라프 광장으로 향했 다.

아담하고 아기자기한 체스키크룸로프에서 며칠 동안 원근 감이 바뀐 것인지 큰 건물들과 넓은 길들이 유난히 더 크게 느껴졌다. 영화 속이나 게임에서 보았던 사회주의 체제의 국가들에서 볼 수 있는 것 같은 모습이, 어디인지 확실하게 집어낼 수는 없었지만, 분명히 느껴졌다.

벨벳 혁명이 일어나기 이전 1989년도 까지만 해도 체코슬 라바키아는 한국인들의 여행 금지 국가 중 한 곳이었다.

추운 날씨 덕에 살짝 움츠린 채 거리를 지나다니는 행인들 의 모습에선 여유가 느껴지지 않았고, 건물들은 각이 많은 디자인에 뭔가 휑해 살짝 차갑고 무겁게 다가왔다.

여전히 유럽은 설레임

사랑하세요

마네수프(Manesuv Most) 다리에서 노을 지는 프라하를 걸었다. 우리는 지나온 도시들의 기억은 깊숙이 넣어 두고 새롭게 만난 프라하에 감탄하며 새로운 기록을 하기 시작했다.

사랑으로 받은 상처는 사랑으로 치유하는 게 가장 쉽다고. 호기심으로 만나 새로운 매력에 홀딱 빠져 어느새 깊은 사랑에 빠지곤 했던 우리는 새로움이 사라지고 익숙함에 길들일 때쯤 그들을 두고 또다시 떠날 때마다 아파해 하고 아쉬워해야 했다. (아직 철이 덜 들어서 그런가?)

호주에는 백조가 없다. 정확히 얘기하면 존재하기는 하는 데 정말 보기가 힘들어서 20년 가까이 살면서 한 번도 본 적이 없다. 백조를 이렇게 많이 보았으니 오늘은 분명 좋은 날이다.

골든아워

골든아워(Golder Hour)가 찾아오면 우리는 분주해진다. 걸음이 빨라지고, 우리만큼 바빠지는 카메라의 배터리는 뜨거워진다.

피곤하고 지겨울 법도 한데 이럴 때 보면 우리는 동네 오락실 아이들처럼 설레어 있다.

여행을 다녀오면 주머니가 탈탈 털려 한동안 가난한 생활을 해야 하지만, 우리는 돈이 모이면 또 떠난다. 새로운 오락실을 찾아서.

여전히 유럽은 설레임

시간이 지나야 알 수 있는 것들

날이 밝고 따스하게 햇살이 내리쬐자 처음 느꼈던 무겁고 차가운 느낌의 프라하는 더는 느껴지지 않았다. 1968년 1월부터 8개월 동안 민주자유화운동의 시기를 일컫는 '프라하에 봄'의 따스함이 이러하지 않았을까?

프라하성을 향해 언덕을 오르는 동안 체스키크룸로프에서는 느끼지 못했던 웅장하고 아름다운 중세 도시의 느낌이 전해졌다. 우리를 둘러싼 건물들은 족히 몇백 년은 되어 보인다. 현대식 건물들은 전혀 찾아볼 수가 없었다.

역사가 짧은 시드니나, 시대의 기억이 담긴 오래된 건물이 사라지고 현대식 콘크리트 건물들로 빽빽한 서울에서 태어나고 자라온 우리에게 프라하는 흠모의 대상이 되기에 충분했다.

반전주의적 성향 덕에 독일 나치군에게 맞붙지 않고 쉽게 항복하는 길을 선택해 굴욕적인 역사를 남겼지만, 그와 동시에 훼손되지 않은 많은 문화유산을 후손들에게 남겨줄 수 있었다.

Hey Spring, Stay where you are

봄이여, 프라하를 떠나지 말기를.

프라하는 아름답다.

특히, 구시가지(Old Town)는 정말 매력적이다

그래도 다행이다

태어나고 자라온 한국을 떠나 호주로 이주한 뒤 영어학교에서 영어를 배우
고 하이스쿨에 들어가서 졸업했다. 하이스쿨 시절부터 시작한 바리스타 일
로 커피숍 운영을 해봤다.
사진을 공부하다 막연한 꿈으로 시작했던 사진작가와 영화감독의 꿈을 위
해 다시 대학에 가서 영화 공부를 시작했다.
학교에서 프롱을 만나 혼자 갔던 미국도 함께 가고, 호주 여행도 하고, 함
께 졸업했다. 또 회사에 취직한 후 그렇게 서른이 되었다. 그렇게 시간을
흘러왔다.

10대 말이었는지, 20대 초반이었는지, 구체적인 계획 없이 막연히 곧 가겠
지 하며 샀던 유럽 여행안내 책자는 이젠 너무 낡아서 곰팡이 핀 정보들로
반쪽짜리 책이 되어버렸다.
여행을 떠나기 전, 지인인 H는 아내가 유럽에 다녀온 후 ‘좋았는데 10년만
더 일찍 왔었으면 좋았을 걸⋯’ 이라는 말을 했다고 한다. 이번에 프롱과
직접 여행을 하니 그분이 했던 말이 피부로 와 닿는다.

그래도 다행이다. 이렇게 두 다리 튼튼할 때, 기차에서 쪽잠을 자도 다음날
커피 한 잔이면 다시 힘이 날 때, 아직 힘이 넘쳐 가방이 터져라 물건을 담
아도 그 무게가 두렵지 않을 때, 아직 젊은 나이에 떠나와서 너무 늦지 않
아서 정말 다행이다.

RADATZ
Schmeckt
DERWISCH DERWISCH DERWISCH
RADATZ
Schmeckt
DER KÜRBISKERN BEINSCHINKEN
2,29
DIE GENUSS PLUS BEIRIED
2,87
DER FRUCHTIGE APFELCIDRE
6,50
Im Fischviertel und im Steakviertel erhältlich

체코를 떠나 기차로 도착한 곳은 오스트리아(Austria)의 빈(Wien)이다. 트램을 몇 번 갈아타고 숙소를 찾아갔는데, 예약에 착오가 있었는지 예약한 방이 아니라 엉뚱한 방을 소개해 주었다. 예약한 서류를 보여주며 다른 방이라고 이야기했더니 서툰 영어로 대답하다 답답한지 어딘가로 전화하는 주인의 언어가 뜻밖에 한국어였다.

아저씨는 우리를 중국인이나 일본인쯤으로 생각했는지 전화기에 대고 말끝마다 우리를 가리키며 '애네들이'하며 말을 했다. 우리에게 더듬더듬 영어로 통화해서 얻은 내용에 관해 이야기하는 아저씨에게 '우리 한국 사람이에요.' 했더니 당황하는 모습이 역력했다.

시드니는 영어권 국가이다 보니 한인 밀집 지역이 아닌 이상, 어디를 가나 한국말로 다른 나라 사람들 흉보는 게 일상이다. 예를 들어 쇼핑센터를 가서 엘리베이터를 탔는데, 머리를 산발하고 있는 사람을 보면 속삭일 필요도 없이, '머리 좀 감지' 하는 식인데, 이게 사실 좋은 습관이 아닌 줄 알면서도 쉽게 고쳐지지지 않았다.

호주에서만 그러면 다행인데 몇 년 전 한국에 와서 친구를 만났는데, 나도 모르게 습관적으로 지하철 안에서 옆 사람 흉보는 이야기를 친구에게 하고 있었다. 나는 인지도 못 하고 있었는데, 친구의 표정이 점점 어두워졌다. 내 말을 알아듣고 돌아보는 사람에게 친구가 '아~ 아니에요. 좀 전에 만났던 사람에 관한 얘기에요. 죄송합니다~' 하고 나 대신 사과를 해 위기를 모면하기도 했다.

가끔은 시간이 멈춰주길

프롱과 나에게는 특이한 습관이 있는데, 비행기가 이륙하기 전 두 손을
잡고 서로를 바라보며 '혹시 이번이 우리의 마지막 비행이더라도 그동
안 많이 사랑했다는 거 잊지 마'라고 고백하는 것이다. 타인이 듣기에
는 어떨지 몰라도 처음으로 함께 떠나는 비행기에서 프롱이 이렇게 말
해줬을 때 눈물이 왈칵 쏟아질 뻔했다. 이제는 누가 먼저랄 것도 없이
비행기가 활주로를 서서히 달리기 시작하면 서로 고백을 한다.

유럽 여행을 하는 도중 우리가 가장 많이 들렀던 장소는 성당이다. 호
주에 와서 가톨릭 하이스쿨을 다니고, 가족 모두가 영국 성공회 성당에
다니던 시절도 있었다. 이제는 한 해에 한 번도 출석할까 말까 한 나나
특정한 종교가 없는 프롱이지만 유럽 여행을 하는 동안 아름다운 성당
을 그냥 지나칠 수는 없었다.

빈에서 찾아간 성 베드로 성당(St Peter's Church)의 내부는 불이 꺼져
있었다. 대신 기도와 함께 남겨진 초들이 불을 밝히고 있었다. 1유로를
내고 초를 하나 사서 불을 밝혔다. 우리의 이번 여행을 사고 없이 무사
히 잘 마치게 해달라고 마음속으로 기도했다.

호주와 한국에 있는 가족들과 친구들 등 주위 사람들의 안부가 궁금해
지는 그런 날이다.

Opfer-
licht
€ 1,-

ROLEX

씨씨 황후

프랑스와 독일, 체코를 지나 오스트리아까지 오면서 여행지와 끊임없이 연관되는 한 가문이 있었다. 역대 유럽 왕실 가문 중 가장 큰 영향력을 행사했던 오스트리아의 합스부르크가다. 유럽의 거의 모든 왕실과 연결되어 있어 유럽 왕실의 연결고리인 셈이었다.

1793년 콩코드 광장 단두대에서 참수형에 처한 프랑스의 왕비 마리 앙투아네트는 합스부르크 왕가의 상속녀이며 헝가리와 보헤미아의 여왕이던 마리아 테레지아의 딸로 1755년 빈에서 출생한다. 오스트리아와 프랑스의 외교 관계를 전환하기 위해 정략결혼을 하였지만, 오스트리아인에 대한 적대심이 강했던 프랑스인들은 그녀를 오해와 과장된 소문으로 참수시켰으며, 프랑스 혁명의 원인이 되었다는 누명을 씌웠다.

합스부르크 왕가 출신으로 신성 로마 제국의 황제이자 보헤미아의 왕이었던 루돌프 2세는 아들이 정신질환을 가엾게 여겨, 조용하고 아름다운 마을로 알려진 보헤미아 지방의 체스키크룸로프에서 요양하도록 한다.
루돌프 2세의 아들은 체스키크룸로프에서 한 이발사의 딸에게 첫눈에 반해 결혼했지만, 그의 광기는 어느 날 자신의 손으로 부인인 이발사의 딸을 살해한다. 자신이 죽였다는 사실도 인지하지 못한 채 광기에 빠진 그는 마을 사람들을 모아놓고 범인이 나올 때까지 무작위로 사람들을 처형했는데, 이발사는 무고한 사람들의 죽음을 막고자 자신이 딸을 죽인 살인자라고 거짓 고백을 하고 처형당한다. 그리고 훗날 사람들은 이발사를 기리기 위해 '이발사의 다리'를

만들었다는 이야기가 전해진다.

뮌헨의 옥토버페스트는 바이에른의 루트비히 1세와 테레제 공주의 결혼을 기념하기 위해 시작된 행사였다. 결혼으로 막시밀리안 2세가 태어나고, 막시밀리안 2세는 프로이센 왕가 출신의 공주 마리와 결혼해 루트비히 2세를 낳게 된다. 당대 최고의 왕실 미녀로 알려진 합스부르크 왕가의 황후 엘리자베트(씨씨)는 바로 이 루트비히 2세와 친척이었다. 씨씨 황후는 모든 이들이 부러워할 만한 아름다운 미모를 소유한 황후였지만, 남편인 프란츠 요제프 황제의 외도를 겪고, 자신이 낳은 자식들도 마음대로 볼 수 없었으며, 심지어 아들인 루돌프 황태자는 일반적이지 않은 가정환경에 힘든 나날을 보내다 자살로 생을 마감하게 된다.

씨씨 황후는 무겁고 딱딱한 오스트리아 왕실 예법과 맞지 않는 자유분방한 성격 탓에 왕실 사람들에게 비웃음을 사기도 했다. 왕실에 적응하지 못하고 쓸쓸하게 소수의 시녀만을 데리고 여행을 다니다가 무정부주의자 루이지 루케니에게 암살을 당하며 쓸쓸하게 생을 마감한다.

많은 이의 선망의 대상이자 부러움의 상징으로 600년 동안 건재했던 유럽 왕실의 중심 연결고리였던 합스부르크가, 그리고 그들과 연결되어 있던 많은 귀족 집안들은 많은 이야기만 남긴 채 세계대전 이후에 몰락하고 말았다.

최소한의 예의

케튼트너 거리(Karntner St)를 지나다 발견했던 한 행위 예술가의 퍼포먼스는 보는 이를 아찔하게 만드는 무언가가 있었다. 연기 중에 몇 번이고 아슬아슬하게 넘어질 뻔해서 돈 많이 줄 테니 그만하고 내려오면 안 되겠느냐고 말하고 싶을 정도였다. 그래도 사고 없이 끝까지 해내는 모습에 큰 박수를 보냈다.

여행 중에 만나는 행위 예술가와 길거리 음악가를 사랑한다. 그들은 우리의 여행을 좀 더 풍요롭게 해 주는 존재다. 좋은 공연이라고 느낀다면 우리는 사진을 찍고 동영상을 찍어 그들을 기록했다.

그리고 꼭 주머니에 손을 넣어 그들에게 줄 동전 혹은 지폐를 찾았다. 여행 중 만나는 길거리 예술가들 모두에게 주머니를 열 필요는 없지만, 작품이 좋아 기록하게 될 때는 꼭 작은 성의를 보이는 정도의 예의는 가지고 다니고 싶다.

스위스의 물가

시드니에 처음 살기 시작한 얼마 동안 부모님은 틈만 나면 '우와, 이게 10불이나 해.', '별로 산 것도 없는데 100불이 나왔어.'와 같은 주제의 대화를 많이 나누었다. 환율만큼 변동이 심한 물가의 잣대도 없지만, 환율이 비싼 곳으로 가서 체감했을 때 생기는 소극적이고 방어적인 태도는 대부분 사람이 같았다.

천장이 훤히 뚫린 고급스러운 파노라마 기차(Panoramic train)를 타고 값으로 매기기 어려울 만큼 아름다운 스위스의 풍경을 구경하다 보니 루체른(Lucerne)에 도착했다. 도착하자마자 배가 고팠던 우리는 역 한편에 자리 잡고 있는 버거킹을 찾았는데, 스위스는 비싼 햄버거 세트를 선보이며 첫인사를 했다. 햄버거 세트 두 개에 약 35유로를 냈지만, 가격 말고는 다른 나라의 와퍼 세트와 전혀 다른 점이 없었다.

호주의 환율이 어느 나라와 비교해도 싼 편이 아니어서, 유럽 여행 내내 돈 때문에 마음을 졸이는 일은 없었는데 스위스의 물가는 정말 아주 비쌌다.

유럽 여행 내내 우리가 지나온 그리고 묵게 될 숙소들은 개인이 하는 민박집, 호스텔, 호텔 등이었는데 우리가 계산한 경비는 일정했다. 그 나라의 물가가 싼 편이면 호텔, 비싸면 민박집이나 호스텔을 가는 방식이었다.

여행 경비를 넉넉하게 계산하고 계획한 프롱의 슬기 덕분에 파리를 떠난 후 특별히 비싼 물건을 사야 할 때가 아니면 별생각 없이 밥을 사 먹고 커피를 마시며 돈을 썼다. 하지만 스위스에서 갑자기 비싸진 물가 덕분에 우리는 오랜만에 한쪽 뇌에서 쉬고 있던 환율 계산기를 쉼 없이 작동해야 했다.

POST
2 14 E35
2 Küssnacht a.R.
2a Kriens 4 Horw
Ebikon Meggen
Littau Emmen 2
Verkehrshaus
Allmend
Löwendenkmal
Gletschergarten
Brunnen
Meggen

DU PONT

HOTEL DES ALPES
Hotel Mr. Pickwick Pub

좋긴 좋다

초등학교가 국민학교라 불리던 시절, 아버지는 사업 때문에 미국이나 유럽 등 여러 나라로 해외 출장이 잦았다. 나는 아버지가 돌아올 때 들고 올 선물과 이야깃거리에 설레며 기다렸다.

선물 외에도 아버지가 하는 외국 이야기는 피구왕 통키나 슬램덩크만큼이나 재미있었다. 아버지가 유럽에 다녀온 지 얼마 안 된 어느 날, 아버지는 이상한 톤과 언어로 노래를 불렀는데, 바로 스위스 노래 '요들송'이라며 스위스에 대한 애정을 과감하게 드러냈다. '아빠, 거짓말하지 마요. 그런 노래가 어디 있어요?'라며 의문을 갖는 내게 아버지는 자연이 아름다운 스위스 알프스에서 양치기들이 부르는 노래라고 하였다. 또 중립국 스위스의 도시는 깨끗하고 검소하다며 스위스에 애정이 가득했다.

어릴 적에는 아버지의 말이 곧 진리나 마찬가지였지만, 사춘기를 지나고 20대가 되면서 아버지의 말과 다른 것도 세상에 많다는 사실을 알게 되었다. 그건 어느 부자지간이나 마찬가지이다. 가끔 무언가를 생각해낼 때 자연스럽게 나를 지배하는 지식의 근원지를 찾아가다 보면 거의 모든 순간 아버지가 등장하는 신기한 마법 같은 현상에 반감이 생기기도 했다.

스위스에 도착하기 전, 내가 상상하는 스위스는 아버지께서 만들어 주셨던 환상이 기초하고 있었다. 역에서 약 20분가량을 걸어 루체른 외곽에 있는 숙소로 향하는 길에 지나치는 항구에 정박한 배들 그리고 어디로 향하는지 알 수 없는 작은 기찻길과 조그만 다리, 큰 나무들이 있는 공원 옆을 지나

Brunello

는 평화로운 모습이 사랑스러웠다.
투명하고 맑기 그지없는 피어발트
슈테터(Vierwaldstattersee) 호수와
호수 위의 하얀 백조들, 깨끗하게
정돈된 거리와 튀지 않는 멋진 색상
의 건물들, 카펠교(Kapellbrucke)에
쓰인 두꺼운 목재 구성물과 잘 관리
된 예쁜 꽃들, 그리고고 모든 풍경
뒤에 묵묵히 자리 잡고 있는 알프스
의 전경을 보았다.
자연의 훼손을 최소화하고 정성을
다해 가꿔 자연스럽게 연출해 냈을
때만 볼 수 있는 흔치 않은 풍경이
라는 생각이 들었다. 아버지의 옛날
이야기처럼 '스위스가 좋긴 좋다'

1993년 담배꽁초에 의한 화재로
2/3가 소실되어버린 카펠교의 슬픈
역사 때문인지, 루체른에서 만난 스
위스인 그리고 지나치는 관광객 모
두 조심스러워 보였다.

피어발트슈터에 비친 우리 모습

호주로 이주하고 나서 부모님(특히 아버지)은 내가 한국을 그리워해 호주에 적응하지 못할까 봐 몇 년간은 한국 방송을 녹화한 비디오를 못 보게 했다. 그럴수록 한국에 대한 그리움은 짙어만 갔다. 호주 친구들보다는 학교에서 알게 된 한국인 친구들과 대부분 시간을 보내기 일쑤였다.

김포공항에서 우리 가족을 마중해주었던 친척들의 얼굴을 기억하며 가슴 한쪽이 울컥하고는 했다. 쉽게 잊고 지내기에는 내가 누렸던 유년기가 너무나 특별하고 사랑스러웠던 이유도 있었다.

우울했던 호주에서의 소년기 시절, 나는 우울함의 근원을 스스로 찾아낼 만큼 똑똑하지도, 우울함을 대수롭지 않게 여길 만큼 성숙하지도 못했다. 말 그대로 먹고사는데 바빠진 부모님의 관심을 받고 싶어 주위를 기웃거리다 포기한 나는, 집 근처 인적이 드문 공원 언덕에 가끔 찾아가 워크맨을 통해 흘러나오는 노래를 따라 부르곤 했다. 그렇게 한동안 울음 섞인 노래를 부르고 나면 마음속이 조금은 후련해지곤 했었다.

한국에 너무 많은 것들을 준비 없이 두고 온 게 그리움의 근원지였다면, IMF 사태가 터진 후 호주에서 어렵게 얻은 한국 친구들과 또 다른 작별을 해야 했던 일은 나에게 세상을 향한 원망과 후회를 더 하는 계기가 되었다.

그렇게 12년이라는 세월이 흘렀고, 더는 한국인도, 호주인도 아닌 이상한 정체성을 지닌 검은 머리 동양인이 되어 한국을 찾게 되었다. 그냥 한국에 가고 싶어서 갔는데 내 행동 하나하나에 모든 의미가 있어야 한다는 바보 같은 생각을 했다. 만나는 친척들과 친구들에게 한국에서 만 12년을 살았고 호주에서 만 12년을 살아, 한국이 무척 궁금해서 왔다는 이야기를 입버릇처럼 하고 다녔다.

프롱은 나의 진지함을 좋아했지만 진지함이 우울함이나 부정으로 이어지는 순간을 싫어했다. 행복하고 좋은 것들로만 자신의 삶을 채우고 싶어 하던 자기애 강한 프롱과 다르게 나는 항상 '왜?'에 집착하거나 부정적인 것들에 에너지를 쏟기 일쑤였다.

그럴 때면 프롱은 귀를 막고 차라리 내 얘기를 듣지 않는 것이 나의 그 쓸데없는 행동을 멈추는 데 효과적이라는 사실을 잘 알고 있다.

루체른의 밤이 깊어가고 있었지만, 우리는 숙소로 돌아가는 일은 제일 나중에 하기로 했다. 짙은 파란색 하늘과 세상의 빛이 스며든 아름다운 피어발트슈테터호의 풍경을 바라보고 있으니 내가 이제껏 왜 그렇게 부정적이고 복잡하게 살아왔었는지에 대한 후회와 이제라도 이런 세상을 알게 된 기쁨이 섞여 루체른에서 맞는 밤을 황홀경으로 몰아가고 있었다.

"고마워. 프롱. 유럽에 함께 가자고 물어봐 줘서."
"나는 오빠가 같이 와줘서 든든하고 고마워."
꽤 괜찮은 미래를 함께 꿈꾸고 있는 더 아름다울 수 있는 우리의 미래에 관한 이야기를 나누며 루체른호의 풍경을 카메라에 담고 있었다.

방법 없을 때

산들의 여왕이라 불리는 리기산으로 향하는 날 아침, 밖엔 비가 추적추적 내리고 있었다. 쏟아지는 비를 멈추는 방법 따위는 어차피 세상에 존재하지 않으니 런던에서 고민하다 사지 않았던 우산을 살까 하는 마음이 다시 들었다. 하지만 비를 맞고 돌아다녔던 런던에서보다 상황이 좋아 보여 우리는 그냥 비를 맞기로 했다. 어쩌면 열차를 타고 올라갔다가 열차를 타고 내려오는 지루한 하루가 될 수도 있다는 불안감을 지울 수는 없었지만, 비가 온다고 숙소에 가만히 앉아서 낭만에 젖어있으면 싶은 마음은 추호도 없었다.

우리가 처음 만나던 날도 그랬다. 함께 사진을 찍자고 시드니 시내로 향하는 날도 비가 내리고 있었다. 어렵게 잡은 그녀와의 약속이라 취소를 할 마음은 없었지만, 그녀의 마음이 변해 '오빠, 오늘은 비가 오니 그냥 쉴게.'하고 전화가 오면 어떡하나 은근히 불안했었다. 다행히 프롱은 약속을 지켜주었고, 우리는 비가 오는 날 카메라를 들고 시드니의 젖은 모습을 촬영하는 거짓말 같은 데이트를 즐겼었다.

열차를 타고 산에 오르다 보니 거짓말처럼 비가 그치고 해가 나기 시작했다. 위로 올라가 먹구름을 사뿐히 넘어 위로 올라선 것인데, 먹구름 위에 올라서서 가려져 있던 해를 발견했다는 사실이 순간 너무 행복했다. 방법 없을 때는 그냥 직진 혹은 잠깐 다른 일 하다 다시 돌아와 보는 것도 썩 괜찮은 것 같다.

여전히 유럽은 설레임

나는 프롱과 연애를 시작하기 전까지 여자 말을 잘 듣는 남자가 아니었다. 지금은 잘 기억나지 않지만 어떤 계기가 있었고, 그 후로 판단이 잘 서지 않을 때는 프롱의 말을 듣는 습관이 생겼다.

리기산 방문을 준비하던 어느 날 프롱은 "리기산 중턱에 좋은 온천이 있대! 우리 거기 꼭 가자!" '유럽에 와서, 그것도 스위스까지 와서 한가롭게 산 중턱에서 온천이나 즐기자니…. 이 여자가 생각하는 여행은 도대체 무엇인가?' 하는 마음이 들었지만, 이미 온천 갈 생각에 들떠있는 프롱의 마음에 상처를 내기 싫어서 속마음과 다르게 "온천? 스위스 사람들도 온천을 해?" 하고 바보 같은 대답을 해버렸다.

산 정상에서부터 알프스의 풍경에 넋을 잃고 셔터를 누르며 산 중턱으로 내려오는 길, 우리의 온천욕 시간이 다가오고 있었다. 마지못해 대답은 했지만, 솔직히 나는 여행 중에 굳이 수영복을 싸서 산까지 올라가 비싼 돈을 주고 목욕탕에 들어가 시간을 보내야 한다는 사실이 내키지 않았다. 하지만, 나 혼자만 하는 여행이 아니니 별수 없었다.

실내와 실외가 연결된 리기 칼트바드(Rigi Kaltbad)에 위치한 온천은 목욕탕이라기보다는 따듯한 온천물이 가득 찬 풀장 같은 느낌이었다. 따스한 온천물에서 헤엄쳐 밖으로 나간 후 가랑비를 맞으며 반신욕을 즐기고 있자니 신들의 목욕 문화를 즐기는 기분이 들었다.

스위스 용병

프로의식과 용맹함으로 세상에 명성이 자자한 스위스 용병들은 전 세계에서 가장 비싼 용병으로도 알려져 있다.

1793년 프랑스 국왕 루이 16세를 호위하던 786명의 스위스 용병들은 프랑스 근위병들마저 왕을 버리고 도망친 상황에서 혁명군에게 끝까지 맞섰다. 패색이 짙은 상황을 인지한 루이 16세는 용병들에게 이제 모두 철수해도 좋다는 마지막 명령을 내렸지만, 그들은 끝까지 싸우다 전원 전사하고 만다. 훗날 발견된 한 병사의 유서에는 그들이 도망치지 않았던 이유가 있었는데, 만약 자신들이 신의를 저버리고 도망치게 되면 후손들은 용병으로 일 할 수 없을 것이기 때문이었다고 한다.

리기산에서 깨끗하게 목욕을 하고 다시 루체른으로 돌아와 찾아간 빈사의 사자상 앞에는 투명한 물이 담긴 못이 있었고, 물 위로는 색이 바라지 않은 낙엽들이 조용히 떠 있었다. 그리고 부러진 창이 꽂힌 채 잠들어 있는 사자상을 바라보니 그 위엄에 숙연한 마음이 들었다.

빈사의 사자상이 주는 교훈처럼 두꺼운 신의와 의리, 충성심과 일관성에 관해 생각해 볼 기회를 가지고 싶었다. 사자 위에 적혀있는 글은 'Helvetiorum Fidei ac Virtuti 스위스의 충성심과 용기를 위하여!'다.

무슨 문제가 생겼을 때 내가 잘못했던 것은 무엇인가에 대한 의문을 갖고 내면을 성숙하게 하는 데 인색하지 않은 동양인들의 문화와 달리 서양인들은 자신을 그런 상황에 만들게 한 시스템 혹은 체제에 분노하고 세상을 바꾸려는 모습을 종종 보인다. 무엇이 더 옳고 나은지에 관한 이야기는 아니다.

HELVETIORUM FIDEI AC VIRTUTI

여전히 유럽은 설레임

우리가 살던 곳의 지구 반대편인 스위스의 어느 이름 모를 마을을 가로지르고 있다. 또다시 새로운 곳에 간다는 사실에 설레며 기차 안에서 함께 사진찍기 놀이에 심취하던 프롱은 어느새 잠들었고, 나는 프롱과의 이 순간이 너무 행복해 조금이라도 더 많은 걸 남겨두기 위해 전화기를 꺼내 들었다.

프롱을 처음 알아가던 2010년의 늦여름이 기억난다. 이제 조금 알게 된 그녀에게 부담을 주기 싫어 다가오는 내 생일을 굳이 알리고 싶지 않았다. 웬일인지 떠들썩한 생일 대신 아무에게도 알리지 않은 채 조금 쓸쓸한 생일을 보내고 싶었다. 하지만 밤이 깊어지자 '괜한 짓을 했나….' 하는 생각이 들기 시작할 만큼 외로워지기 시작했고, 홀로 이 밤을 어떻게 보내야 할지 고민이 되었다. 그때 프롱이 와주었다.
프롱은 내게 줄 케이크를 준비했고, 우리는 팜비치 한쪽에 차를 세운 후 조촐하게 나의 생일파티를 했다.
프롱과 단둘이 보냈던 그해 생일이 내가 태어나서 보냈던 생일 중 가장 행복했던 생일이었다. 그 후 매년 생일이 돌아오면 다른 누구와 함께 있기보다 프롱과 함께하는 조촐한 자리가 더 편하고 행복했다.

우리가 함께 마주할 생일이 몇 번이나 더 될지 알 수는 없지만, 프롱에게 케이크 위에 환한 촛불처럼 그런 사람이 되어주고 싶다. 프롱이 어둠 속에서 헤매지 않도록 함께 하고 싶다. 프롱이 그래 주었던 것처럼.

인터라켄의 밤

많은 여행객으로 북적대는 인터
라켄의 한인 숙소 안, 대부분의
배낭 여행객들의 나이는 20대 초
중반으로 활기가 넘치고 대화는
지칠 줄 모른다. 저녁이 되면, 심
야의 유흥 문화가 없는 인터라켄
에서 그들의 진짜 밤은 숙소 식당
에서 시작된다. 식당으로 사용되
는 방에 옹기종기 모여 앉아 숙소
주인이 차려주는 한국 음식을 먹
으며 무용담처럼 서로의 여행 이
야기를 늘어놓는다. 그리고 숙소
주인의 기막힌 센스로 판매되는
모국의 맛, 소주는 그 열기를 더
욱더 가열시킨다.

멀리 도망치고 싶었다. 기차는 계속해서 달리고 있었고, 선로에서 이탈할 기미도 없었다. 정류장은커녕 짙은 어둠 속 터널을 달려가는 기차 안에서 나는 잠들지 못하고 초조함에 손을 뜯고 있었다.

20대 초반에 '내 잘못'으로 인해 일어났던 사고는 내 삶에 많은 변화를 가져왔다. 몇 개월 후 찾아온 병은 몇 년간에 걸쳐 꾸준히 반복해서 나를 찾아왔다. 자꾸 아프다 보니 주위 사람들도 사라져 갔다.
'그래, 이제 정말 믿을만한 내 사람들만 남겠구나!' 하며 긍정적으로 나를 달래기도 했지만, 점점 내 인생에 올 기회를 미리 다 써버린 듯한 느낌이었다. 내가 이루고 싶던 꿈속에 숨은 욕심과 야망에 자신을 버리고 거칠게 다루는 데 익숙했었다. 그런 내가 자신을 아껴보고자 생각을 달리하기 시작했다.

'내가 믿었던 꿈이, 꿈이 아닌 욕심이었구나. 내가 모두를 지치게 하고 있구나…' 더 고집할 이유가 없다. 마음을 비워내고 싶었고, 변화하고 싶었다. 그리고…. 그렇게 서툴지만 조금씩 변화하니, 정말 많은 즐거움이 찾아왔다. 삶의 가장 큰 목표가 꿈이 아닌 행복이 되니 잠시 잊고 지냈던 꿈이 독기를 버리고 훨씬 가볍고 밝게 나를 다시 찾기 시작했다.

융프라우를 향하며 한 번 더 마주했던, 구름 너머에서 나를 기다리고 있든 따스했든 햇볕, 그리고 선선한 바람이 불어오고 있었다.

여전히 유럽은 설레임

스위스를 떠나며

성이 정씨인 프롱은 융프라우(Jungfrau)가 정씨라고 좋아했다. 하이스쿨 시절 출석체크를 할 때마다 선생님들이 자신의 성을 계속해서 융이라고 불렀던 게 의문이었는데 이제야 이해가 되었다는 말을 덧붙이면서.

리기(Rigi)에서 그랬듯이, 우리는 내려올 때만큼은 중간에 산악 기차에서 내려 걷기로 했다. 멋진 산들에서 내려올 때만큼은 자연을 느끼고 싶었다. 아이거 등산길(Eiger Walk)은 아마 우리가 함께 걸었던 산책길 중에 가장 아름다운 곳으로 남을 것 같다.

융프라우를 가로질러 정상으로 향하는 산악 기차와 기찻길 그리고 작은 건물들은 아주 오래전부터 거기에 있었던 것처럼 자연과 잘 어울렸다.

비싼 물가는 스위스인에게도 부담스러운지, 검소하게 아껴 쓰고 고쳐 쓰는 게 생활화되어있는 모습을 자주 볼 수 있었다. 또 리모델링을 잘해서 말끔해진 오래된 물건들이 눈에 쉽게 띄었다.

여전히 유럽은 설레임

스위스를 떠나 남쪽의 산타 루치아(Santa Lucia) 역에서 내려 배로 약 십여 분을 가서 산 스테이(San Stae) 항에서 내리니 거짓말 같은 베네치아의 풍경이 나타났다. 영화나 TV 속에서 자주 만나던 모습과 다르지 않았지만, 막상 현실에서 마주하니 신기하다는 생각이 들었다. 베네치아에서 묵게 될 숙소를 찾아가는 동안 눈이 너무 즐거워서 행복했다.

친절한 인상을 지닌 젊은 숙소 주인은 마침 한국을 다녀오는 날이라 우리보다 더 많은 짐을 가지고 왔다. 함께 숙소에 들어서자마자 미리 정리해 놓았던 우리 방의 먼지를 탈탈 털어 주고 나서야 방으로 안내해 주었다.

바르셀로나에서 만났던 숙소 아저씨가 그랬던 것처럼 선뜻 베네치아 소개를 해주겠다며 큰 지도를 펼치고는 정말 유용한 정보를 많이 전해주었다. 베네치아를 떠나는 날까지 숙소 주인은 굳이 하지 않아도 되는 일까지 선뜻 먼저 하며 여러 가지 크고 작은 호의를 베풀어 주었다.

언제가 될지 모르지만, 다시 유럽을 찾았을 때 베네치아의 모습은 그대로 존재하길 빌어본다. 다른 곳도 많지만, 그곳이 가진 특별함은 매우 소중하고 아름답기 때문이다. 아주 오래전 훈족 때문에 몰려든 사람들로 시작된 역사는 이유가 무엇이었든지 간에 세상 어느 것과도 바꿀 수 없는 풍경을 탄생시켰다.

화려하지 않은 색상의 건물들. 단순한 디자인으로 지어진 베네치아의 건물들은 깊은 옥색을 지닌 영롱한 수로의 물과 함께 굉장히 고상하고 아름다운 풍경을 이루고 있다. 오랜 세월 동안 건물들의 색은 바래었고, 높아진 수심 때문에 건물의 많은 부분이 상해 보였지만, 그래서 더 고풍스러워 보이고 멋있다.

O.J.O (Our.Job.Only)

산마르코 광장은 영화 이탈리안 잡(Italian Job)의 도입부에서 보았던 화려한
모습 그대로였다.
물론 영화 속에서처럼 굉장히 멋있어 보이는 남자 둘이 광장에서 만나 무언가
자신들만의 세계에 관해서 이야기하는 그런 풍경은 찾지 못하였다.

산마르코 광장을 찾은 우리는 중앙에 있는, 베네치아 전체에서 가장 커피값이
비싸기로 유명한 플로리안 카페(Caffe Florian)에 가서 자리를 잡고 여유를 느
끼고 있었다. 그 누구에게도 방해받지 않고, 우리 둘만의 잡(job)을 위하여.

여전히 유럽은 설레임

이 손 절대 놓지 마.
멀리 날아보자, 세상 끝까지

PAROCHIA
S. FRANCESCO
DA PAULA

베니스라는 동네의
그저 그런 풍경 이야기

When darkness falls

나는 밤을 좋아한다. 하루가 떠나가고, 또 다른 하루가 찾아오는 밤 동안에는 많은 일이 일어나곤 했다.

밤이 되면 아버지는 마당 한쪽에 앉아 화로에 낙엽과 솔방울로 불을 지피곤 했다. 그리고 나를 불러 함께 대화를 즐겼다. 불을 피우고, 고기를 굽고, 감자나 고구마 같은 것을 구워 먹으며 때론 친구처럼 때론 형처럼 이야기를 나눴었다. 아버지는 1.5세대로 커버린 내 생각을 궁금해했는데, 다른 환경에서 다른 방식으로 자란 아들과의 거리가 멀어지지는 않을까 걱정이 되었던 모양이다.

아버지는 어렸을 때부터 뭐가 되라고 강요한 적이 없었다. 다만 내가 좋아하는 일을 꼭 찾아내길 바란다는 말을 했었다. 하이스쿨 고학년 시절 우리 집에서 잠시 유학 생활을 했던 사촌 형은 나와 함께 영화 JSA를 거의 매일 밤 보며 나에게 영화 보는 재미와 영화 속에 담긴 의미를 해석하는 방법을 알려주었고, 나는 그 후 사진작가와 영화감독이라는 꿈을 갖게 되었다. 아버지는 언제부터인가 나의 꿈을 좋아해 주었고, 스스로 꿈을 찾아낸 아들을 자랑스러워 했다.

부모님과 함께 랭글러를 타고 카메론 코너(Cameron Corner)를 찾은 뒤 티부부라(Tibooburra)의 한 캠프장에서 불을 피우고 쏟아지는 별들을 바라보았다. 서로에게 영감을 받아 밤이 깊도록 삼각대를 펴고 사진을 찍었던 그 날 밤은 프롱과 함께 베네치아의 밤에 심취해 셔터를 눌러대던 날과 무척 닮아있었다.

터줏대감

베네치아에는 비둘기가 참 많다. 상점 간판 위에 앉아 수다도 떨고, 수돗가에 모여앉아 목욕도 한다.

스트루트가르트에서 그랬듯이 프롱은 비둘기를 너무 무서워했다. 나는 비둘기가 무섭지는 않은데 좀 귀찮다. 아닌 게 아니라 세상에 이렇게 사람 무서워할 줄 모르는 비둘기들이 또 있을까? 쫓아보려 근처에 다가가도 날개 한번 퍼덕거리지 않고 종종걸음으로 자리를 옮길 뿐이다. 날기는커녕 뛰지도 않는다. 손에 피자라도 들고 있는 누군가를 보면 잽싸게 날아와 피자를 낚아채기도 했다. 베네치아의 비둘기들은 터줏대감이다.

여전히 유럽은 설레임

두칼레궁전(Palazzo Ducale)에서 열린 재판에서 유죄를 선고받은 자는 오른쪽에 있는 신 감옥으로 향했는데, 다리를 건너며 탄식을 하던 죄수가 많았다 하여 다리의 이름이 탄식의 다리(Ponte dei Sospiri)였다. 탄식의 다리를 지나 부라노(Burano) 섬으로 향하기 전에 우리가 찾은 곳은 유리공예로 유명한 부라노 섬(Murano)이다.

유리 공예로 유명한 곳이니 화려할 것이라는 기대와 달리, 섬 전체에 위치한 건물들 색상부터 칙칙하고 답답한 느낌이다. 높은 벽들로 둘러싸여 있어서 시야가 계속해서 벽에 막혀버렸다. 당대 최고 유리 공예가들의 기술이 새어나갈까 봐 섬에 가두었기 때문이다. 여기를 봐도 벽, 저기를 봐도 벽이다.

최고의 실력을 갖추게 불행이 되어버린 유리 공예가들의 슬픈 이야기의 부라노 섬과 유죄 판결을 받고 죄수들이 탄식하던 탄식의 다리, 왠지 우리는 더 많은 시간을 섬에서 보내고 싶지 않아져서 서둘러 부라노 섬으로 향하는 배에 탑승했다.
자유를 잃었던 사람들의 탄식 섞인 이야기에서 풍기는 우울함이 우리에게 스며들어 우리의 자유도 침해당할까 봐.

부라노 섬이 컬러로 가득 찬 이유

섬 대부분 주민이 어업에 종사했던 부라노의 옛 주민들은 밤이 어두컴컴해져서야 집으로 돌아오는 일이 빈번했다고 한다. 안개가 자주 끼는 지역의 특성상 한밤중에 자신의 집을 찾는 것도 고역이다 보니 주민들은 집을 독특한 색으로 칠하게 됐다.

이게 웬 단순한 이유냐고 할 수도 있겠지만, 사실 색을 빼고 나면 그 집이 그 집 같아 보이는 비슷하고 단순한 외형이기 때문이다. 부라노 섬의 주민들은 컬러의 가장 원초적이고 중요한 기능을 삶에 적용한 것이다.

컬러는 각자가 원하는 색으로 고를 수도 없었다고 한다. 먼저 정부에 자신의 집에 관한 정보와 함께 컬러를 사용하고 싶다는 요청을 해야 했다. 요청을 받은 정부에서는 그 집에 사용해도 되는 제한적인 컬러 몇 가지를 통보했다. 그렇게 현재 부라노 집들의 독특한 컬러를 갖게 된 것이다.

여전히 유럽은 설레임

이탈리아인들의 삶 속에는 프로페셔널리즘이 넘쳐 났다. 멋지게 차려입고 와인을 따르고 음식을 나르는 중년 웨이터들의 모습은 물론이고, 멋들어지게 수염을 기른 바리스타의 능숙한 모습도 그렇다. 와인리스트의 와인에 관해 물어보자 마치 자신이 직접 제조해낸 와인인 것처럼 완벽하게 설명을 해줬다. 행동 하나하나가 능숙하고 멋스러웠다.

대운하를 하루에도 수십 번 넘게 드나드는 수상 택시의 뱃사공들 모습도 그랬다. 줄무늬로 된 상의를 입고 크고 작은 운하들을 거침없이 떠돌아다니는 곤돌리에는 베네치아에서 쉽게 찾아볼 수 있는 프로의식이 강한 이탈리아인이다. 곤돌리에는 지켜볼 때마다 매번 색다르고 매력적이다.
단순히 배를 사고 면허증을 따서 장사하는 뱃사공이라 생각하면 큰 오산이다. 특수 학교에서 베네치아의 역사와 예술 그리고 외국어 등을 공부해 엄격한 시험에 합격해야 하고, 선배 곤돌리에를 약 1년간 따라다니며 인턴 과정을 거쳐야 한다. 마지막으로 실진 과정을 심사하는 5명의 심사위원 곤돌리에가 인정해야 하는 과정을 거쳐야 곤돌리에가 된다.

베네치아를 떠나기 전 탑승한 곤돌라는 흔들흔들 물살을 거스르지 않고 부드럽게 나아갔다. 정말 단 한 번도 벽이나 다른 배와 접촉하지 않았다. 물론 물도 튀지 않았다. 항해 중 곤돌리에는 깔끔한 매너를 보이며 베네치아의 이곳저곳을 소개해주며 베네치아의 문화와 역사, 예술에 관해서 이야기해주었다.

그렇게 살아야 한다

무거운 짐을 메고 끌며 약 20분을 걸어 숙소 앞에 도착했다. 건물 안에 들어서
니 무시무시하게 높은 계단이 우리를 기다리고 있었는데, 있는 힘을 다해서 가
방과 함께 우리가 찾는 번지수인 3층까지 올라갔더니 문이 굳게 닫혀있었다.
두드려도 인기척도 없고, 벨을 눌러도 아무런 반응이 없었다.

가방을 뒤져 피렌체 숙소의 자세한 정보가 담긴 종이를 찾아 거기에 적힌 전화
번호로 전화를 걸었더니 아주머니가 전화를 받는다.
헐떡이는 숨을 돌리고 잠시 땀을 닦고 있으니 굉장히 활기차 보이는 젊은 이탈
리아 아주머니가 와서 반갑게 인사를 한다.
그제야 피렌체에 도착해서 처음으로 웃어보는 우리 둘, 아주머니는 말이 상당
히 빨랐다. 방을 소개하며 아침 식사용 빵은 어디 있는지, 커피 기계는 어떻게
사용하는지, 키는 어떻게 사용하는지 등등 순식간에 많은 것을 설명해주고는
다른 일이 바쁜지 등장할 때처럼 밝게 인사를 하며 퇴장하였다.
신기하게도 그렇게 많은 이야기를 들었는데 그 많은 정보가 혼란 없이 머리에
쏙쏙 들어와 있었다. 아주머니의 경쾌한 에너지에 또다시 힘을 얻은 우리는 피
렌체 시내로 향하는 내내 아주머니의 팬이 되어 한참 동안 이야기를 멈추지 않
았다.

내일이면 이곳을 떠날 잠시 스쳐 지나가는 사람에게도 밝은 긍정의 에너지를
팍팍 전파하던 거침없어 보이는 아주머니의 밝은 기운이 전해졌다.

KEEP ME CLEAN,
PLEASE!
love, Firenze

HOTEL BERCHIELLI

프로라니까

"이거랑 이거 그리고 이거, 마음에 다 드는데 너무 길어요. 아무리 봐도 짧은 치수가 없네요. 혹시 이거 줄일 수 있는 곳은 없나요?"
피렌체 가죽 시장에서 벨트를 사고 싶었던 프롱과 나는 한참을 둘러보았지만, 도무지 맞는 치수의 벨트를 찾을 수가 없었다. 벨트 장사를 하는 아저씨에게 혹시 벨트를 줄여 주는 곳이 근처에 없냐고 하니 아저씨는 황당하다는 표정을 지었다.

"벨트를 줄여 주는 곳? 내가 할 수 있는데"
5분도 안 걸리니까 디자인만 고르면 된다는 말을 덧붙이는 아저씨의 말에 프롱과 나는 눈이 휘둥그레져서 서로를 쳐다보았다. 우리와 부모님의 벨트까지 무려 다섯 개나 되는 벨트의 길이를 순식간에 조정하고 있는 아저씨 모습을 신기하게 바라보았다.

시드니에서는 누구도 그 자리에서 벨트를 줄이는 귀찮은 일을 하려 들지 않는다. 벨트의 치수는 정해져 있고, 치수가 없으면 안 사는 게 당연하다.
바지를 줄이기 위해 옷 수선집에 가서 폭을 줄여달라는 말을 하면 그건 시간 소요가 많아서 하지 않는다는 말을 당연하듯 듣게 된다.

피렌체에서 만난 아저씨가 이탈리아의 '생활의 달인'쯤 되는가 싶기도 했는데, 나중에 벨트를 사고 나서 시장을 둘러보니 많은 가게가 다 그러고 있었다. 역시 세계에서 가장 많은 명품을 탄생시킨 이탈리아의 평범한 일상이었다.

TIFFANY &

0

3

fly

high

Super Fast Ferry to GREECE

이탈리아의 안코나(Ancona)에서 출발해 영롱한 아드리아해(Adriatic Sea)를 건너서 아테네(Athens)로 향하는 배 안에 있던 우리는 실망감을 감출 수가 없었다. '굉장히 빠른 배'라는 이름의 회사에서 운영하는 배를 타고 낭만적으로 그리스에 상륙하고 싶었는데, 이름만 빠르지 별로 빠르지 않았을 뿐만 아니라 서비스도 엉망이었다.

'굉장히 빠른 배' 회사의 배를 타고 그리스로 갔던 일은 우리의 유럽여행 중 최악의 경험 중 하나였는데 며칠 후 아테네에서 산토리니로 향하는 배도 '굉장히 빠른 배' 회사의 선박이었다. 맙소사!

우리에게 행복을 주는 것은 식사 시간이었는데, 맛있고 저렴한 그리스식 요리들이 입맛에 잘 맞았다. 그릭 샐러드(Greek Salad)는 정말 한식에 김치를 먹듯이 많이 먹었다. 매일 샐러드를 먹으니 여행 중 가장 피부가 좋은 날들의 연속이었다.

여전히 유럽은 설레임

사건 사고가 잦은지 아테네에서는 어디를 가든 사이렌 소리가 끊이지 않았다. 간혹 사이렌이 안 들리면 오히려 무슨 일이 있나 싶을 정도로 아테네만의 특이한 풍경에 익숙해지고 있었다.

호텔 근처 오모니아 광장 주변의 수블라키 맛집에서는 젊은 청년이 아테네에 도착한 후 가장 순수한 그리스인의 모습으로 우리를 반겨주었다. 주문하는 순간부터 고기를 굽고 음식을 내어 오는 순간까지 시종일관 밝은 모습으로 우리를 대하는 모습에 감동을 주었다.

아테네의 햇살

겨울이 되어가던 체코와 스위스를 거쳐, 이탈리아를 지나 아테네에 도착하니
바르셀로나에서 끝났다고 생각되었던 또 다른 여름이 우리를 기다리고 있었
다. 두꺼운 옷을 러기지 한쪽에 넣어두고 다시 뜨거운 태양에 어울리는 여름옷
을 찾아 입었다.

그리스에서 절대 지나칠 수 없는 파르테논 신전을 찾아가기로 했다. 모나스티
라키 역에서(Monastiraki Metro Station) 내려 로만 아고라를 거쳐 아크로폴리
스 언덕에 위치한 파르테논 신전을 향하고 있었다.

아테네의 첫인상은 인구 밀도가 높은 도시였지만 아크로폴리스 언덕으로 향하
는 길은 몇몇 관광객을 제외하고는 한산한 편이었다. 비록 망가지고 형태가 부
서진 오래된 돌로 된 고대 건축물들과 유적지들이었지만 막상 눈앞에 마주하
니 영화에서 보았던 웅장하던 고대 그리스의 모습이 금방 살아날 것 같이 느껴
졌다.

고대 그리스 폴리스의 중심지였다고 알려진 아크로폴리스 언덕에 도착해 헤로
데스 아티쿠스 극장과 파르테논 신전 그리고 아테네 시내의 전경을 보고 있자
니, 뭔가 굉장하다는 느낌이 들었다.

그리스를 이야기할 때는 지금보다 조금 더 진지해져야 할 것 같다.

여전히 유럽은 설레임

"집에 가서 먹게?"

"아니, 집에 가는 길에 고양이들 주려고"

친구 J는 식당에서 식사를 끝낸 후 남은 고기를 주섬주섬 비닐봉지에 담고 있었다. 한 번도 길고양이들의 처지를 생각해볼 만큼 고양이에 대한 호기심이 없던 나는 그 광경이 흥미로웠다. 평소에도 마음 씀씀이와 배려가 남달랐던 친구는 수의사가 꿈이라 그런지 동물들의 처지에 대해서도 많은 생각을 했다. 익숙하게 남은 음식을 싸서 어디에 놓아두어야 하는지도 잘 알고 있어 보였다.

프롱과 나는 파르테논 신전을 비롯한 고대 그리스의 유적들을 둘러본 후 언덕을 내려오고 있었다. 골목 한쪽에서 누군가 던져준 생닭을 대여섯 마리가 넘는 고양이들이 먹는 모습을 호기심 있게 지켜보고 되었다.

국가적 파산이라는 상황에서도 주인 없는 고양이들을 챙기는 누군가가 있다는 사실은 몇 년 전 보았던 친구의 모습을 떠올리게 했다. 어렵고 힘든 상황에서도 변함없이 불을 밝히려는 사람들이 존재하지 않았던가.

그리스에서 느꼈던 좋지 못했던 기억들이 한순간에 날아갔다. 그래서 선입견이라는 건 위험한 존재구나. 가슴 찡한 휴먼 스토리의 영화 한 편을 보고 난 후 깊은 감명을 받았던 그럴 때처럼, 가슴 한편이 따듯해짐을 느꼈다.

밀리니엄 여름

뜨거운 태양 아래 한참을 걸었더니 갈증이 심했다. 물을 사 마시기 위해 빨리 걷고 있었는데 지나치고 있는 한 집과 주위 풍경이 왠지 모르게 정겹게 느껴졌다. 생각해보니 호주에 이민을 오고 나서 처음 몇 년간 살았던 마틴 스트리트(Martin St)의 집이 기억났다. '아, 그게 그리스식 집이었구나!' 집주인이 그리스인이었다는 사실이 새삼 떠올랐다.

천장이 높고, 방들의 크기가 크고(거실보다 더 큰 방도 있었다) 뒷마당이 넓었던 호주 집에는 많은 추억이 서려 있었다. 같은 학교에 다니던 친구들이 하숙하기도 했고, 사촌 형도 대학을 갈 때까지 동고동락했으며, 삼촌이라 부르던 아저씨도 함께 살았었다. 또 다른 사촌 형들이 방학을 맞이해 한국에서 방문한 어느 여름은 집 옆에 위치한 엄청나게 큰 잔디 구장에서 밤늦도록 축구를 하고 집에 와서는 하나밖에 없는 컴퓨터를 켜고 밤새 축구 게임을 즐기기도 했었다. 태어나서 처음 키웠었던 독일 셰퍼드 벤, 텃밭에서 키웠던 월남 고추와 박하, 고수, 상추 등 채소들, 빙글빙글 돌아가는 방식의 뒷마당에 위치한 큰 빨래 건조대가 있었다. 마당 한쪽에는 10년도 넘은 아버지의 미쓰비시 중고차가 서 있었고, 식료품은 가장 저렴한 홈 브랜드(Home Brand) 상표의 물건들이 대부분이었다. 화장실도 많은 식구를 감당하기에는 벅차게도 하나뿐이었다.

그 시절 우리 가족에게는 영주권도 없었고, 하나뿐인 아들의 비싼 학비를 감당하기에도 빠듯한 경제 사정이었지만, 나는 우리 집이 그때 제일 힘들었었다는 사실을 한참이 지나고 나서야 알게 되었을 만큼 사는 재미가 소소하고 행복했던 시절이었다.

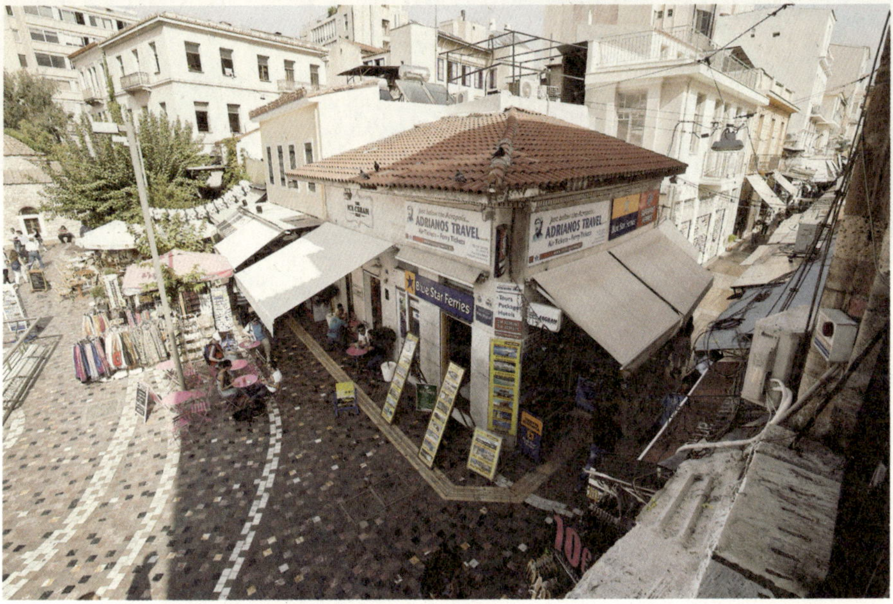
ADRIANOS TRAVEL
ADRIANOS TRAVEL
Blue Star Ferries

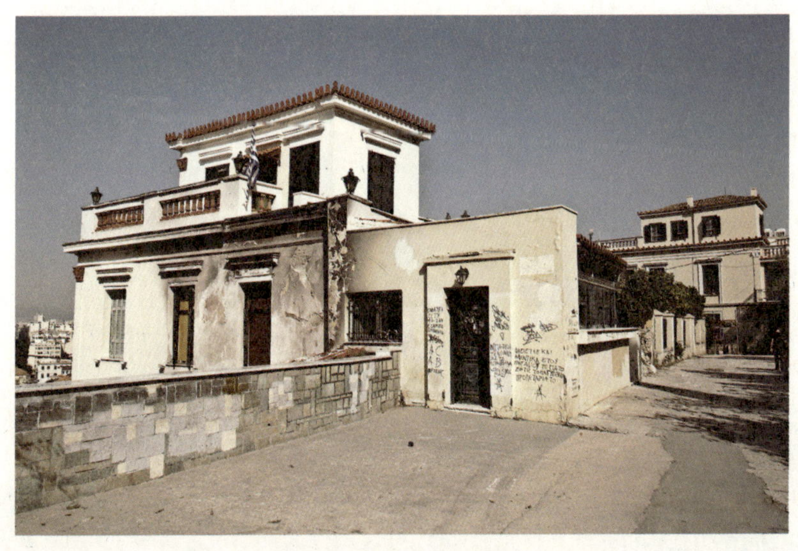

From Aegene Sea

자유를 그리워하는 마음

억울한 누명을 쓰고 쇼생크 감옥에서 20년 가까운 세월을 보낸 후 탈출에 성공한 앤디의 마음, 15년 동안 이유를 알지 못한 채 감금되어 있다가 어이없게도 자신이 납치되었던 장소에서 자유를 얻은 오대수의 마음, 조국의 내전으로 오도 가도 못한 채 공항에서 9개월 동안 노숙을 해야 했던 나보스키가 뉴욕을 향해 첫발을 내디뎠던 순간의 마음, 언제 시작되었는지 알 수 없게 철저히 가려진 프로젝트를 마감하고 온 세상의 이목을 받으며 신제품을 프레젠테이션하기 위해 단상에 올라섰던 스티브 잡스의 마음.

그들이 보여주었던 순간들에 숨은 감정은 길고 짧은 기다림 뒤에 찾아오는 자유를 그리워했던 마음이지 않았을까?

에게해의 영롱한 바다 풍경에는 전혀 관심이 없이 카드게임에 열중했던 중국 아저씨들, 하루종일 먹기만 하는지 선상 안에 자리한 레스토랑에서 자주 지나쳤던 배가 심하게 많이 나온 아저씨, 사진 삼매경에 빠져서 에게해의 풍경을 계속해서 카메라에 담고 있던 유럽 청년들, 그리고 독서 삼매경에 한창 빠져있던 안경을 쓴 영국인 아주머니.

기지개를 켜듯 그들이 모두 자리에서 일어나서 갑판 위로 모이기 시작했다. 하룻밤을 꼬박 새운 항해 끝에 드디어 산토리니의 한 자락이 보이기 시작한 것이었다. 겨우 하루였지만, 우리 모두 다 같은 마음이지 않았을까? 유럽 최대의 관광지 중 하나인 산토리니에 드디어 무사히 도착했다는 반가움, 한정된 공간에서 벗어나 자유를 맞이한다는 설레임, 가까워지는 산토리니를 바라보며 마주치는 모든 이들의 얼굴에는 미소가 가득했다.

여전히 유럽은 설레임

"가장 아름다운 색을 원한다면, 항상 가장 먼저 순수한 하얀 배경을 준비하라." (For those colours which you wish to be beautiful, always first prepare a PureWhiteGround)

한때 깊이 심취해 있었던 레오나르도 다빈치의 작품들과 철학들. 멋진 색과 독특한 향기가 나는 작품들을 만들어내고 싶은 바람이 컸던 20대 초반, 나는 이 메시지에 깊이 빠져 있었다.

산토리니에 도착하니, 수많은 하얀색이 우리를 둘러싸고 있었다. 눈으로 뒤덮여 온통 하얀색으로 둘러싸인 세상과는 또 다른 느낌인 산토리니의 하얀색. 컬러로 가득 찼던 부라노 섬의 펑키함과는 또 다른 세상이었다. 거의 모든 건물의 벽들이 하얀색이었는데, 하얀색으로 칠해진 산토리니를 걸어 다니다 보니 밝은 하얀색이 우리의 기분도 덩달아 밝게 해주는 것 같았다. 그리고, 하얀색은 사람들의 순수함을 끄집어내지 않던가?

노을에 비친 티라(Thera)의 풍경. 산토리니는 티라와 오이아(Oia) 두 구역으로 나뉜다. 인터넷을 검색하면 나오는 산토리니의 환상적인 풍경은 주로 오이아의 모습이지만 티라 역시 충분히 매력적이고 아름다운 곳이다. 하얀 섬. 산토리니에서는 좋은 일이 가득할 것 같은 기분이다.

산토리니의 추억

인정 많고 매사에 긍정적인 포토그래퍼 트리쉬(Trish) 선생님의 수업은 학교 내에서 인기가 많았다. 트리쉬는 딱딱하고 어려운 교재를 토대로 한 이론보다는 현실적인 포토그래퍼의 경험을 토대로 이야기하고 토론하는 것을 좋아하는 편이었다.

하루는 자신이 산토리니를 여행하며 찍었던 사진들을 학생들에게 보여주며 토론을 시작했다. 그때 본 사진 속 산토리니의 풍경은 처음으로 내 머릿속에 산토리니란 어떤 곳인지 선명하게 각인시켜주기에 충분했다..

인상 깊었던 점은, 트리쉬의 사진들이 조작성 좋은 DSLR이나 중형 카메라 혹은 명품으로 통하는 값비싼 카메라가 아니라, 어디를 가나 흔하게 구할 수 있는 저가의 작은 포인트 앤 슛 필름 카메라를 통해 기록되었다는 사실이었다. 트리쉬는 저가의 작은 소형 카메라도 설명서를 잘 숙지하고 기본에 충실해 사용한다면 충분히 좋은 사진들을 기록할 수 있다고 강조했다. 좋은 장비에 항상 목말라했던 나를 포함한 많은 학생에게 새로운 시각을 선사한 사진 속 산토리니의 풍경만큼이나 매력적인 내용의 수업이었다.

사진을 찍기 전에 사진으로 무엇을 말하고 싶은가 혹은 그 사진 안에 어떤 정보를 담고 싶은가에 대해서 고민하고 싶다.

DA COSTA
CAFÉ RESTAURANT

포기하면 안 되는 이유

"좋아?"

"응~ 좋아!"

사륜 오토바이를 타고 프롱과 함께 산토리니 이곳저곳을 다니는 재미가 쏠쏠했다. 헬멧을 쓰고, 바람을 가르는 느낌이 좋았다.

뒤에서 나를 꽉 안고 있는 프롱과 언덕 위 도로를 달리며 예전에 J와 함께 오토바이를 하나씩 타고 제주도를 누비던 추억, 넬슨 베이에서 사륜 오토바이를 타고 친구들과 모래 언덕을 질주하던 추억이 떠올랐다.

추억은 아무 때나 예고 없이 찾아오고, 또 다른 추억을 만들어내는 행동에 힘을 실어주곤 한다. 분명한 점은, 꼭 좋았던 기억만이 추억이라고 단정 지어질 수 없다는 사실이다. 어렵고 힘들었던 일과 상황, 기쁨을 만끽했던 일과 설렘을 주었던 일, 그 모든 것이 시간을 거쳐 숙성되면 추억이 된다.

오늘 당신이 환영하지 않는 어둡고 모서리 뾰족한 기억 역시 시간이 지나면 모서리는 깎이고, 다듬어지고, 색은 아름답게 변해 추억이 될 수 있다. 해답이 보이지 않는 답답한 고민이 당신을 괴롭혀도, 마음이 다쳐 주저앉아 다 포기하고 싶다고 해도, 그래도 우리가 포기하면 안 되는 이유가 거기 있다.

시간이라는 존재는 자연을 만나 사람이 할 수 없는 놀라운 일들을 이루어낸다.

여전히 유럽은 설레임

돈키호태

'돈키호태', 십 대 시절에 누군가가 내 이름을 거꾸로 돌려 지어주었던 별명이다. 나에게는 로시난테도 없고 또 라만차의 풍차를 찾아 돌격한 적도 없다.

한때 연금술사라는 책에 대단히 심취해 있던 나는 갑자기 내 주위 세상이 온통 뒤죽박죽 엉망진창이 되어 생전 처음 수많은 착각과 혼란을 경험했다. 혼자만의 힘으로 엉켜버린 내 주위 세상을 정리해 낼 수 없을 정도였다. 시간이 필요했고 주위 사람의 관심과 도움이 필요했다.

시간이 지나 좀 더 객관적인 시각에서 나 자신을 돌아볼 기회가 생겼을 때, 내가 처했던 상황은 망상이 심해진 알론소 키하노(Alonso Quijano)가 자신을 돈키호테로 여기던 그 우스꽝스럽다고 느꼈던 이야기와 별로 다르지 않았다는 사실에 큰 충격도 받았었다.

'내가 정말 돈키호테 같은 돈키호태가 될 줄이야.'

돈키호태는 산토리니에서 사진 찍기에 가장 아름답기로 유명한 풍차가 있는 산토리니 오이아에서 라만차의 풍차를 떠올리며 멋쩍게 웃어보았다.

"안녕, 나의 슬프고 혼란 가득했던 이십 대여. 이제 난 조금 더 성숙하고 건강한 서른이 되어도 될 것 같다."

터키인들의 환영식

episode 1

새벽 5시 40분 이스탄불(Istanbul). 공항 가는 택시 안. 국내선(Domestic)으로 가자고 분명히 5분 전에 말했는데 이정표가 눈앞에 보이는데도 국제선으로 핸들을 꺾는 택시기사 아저씨. 뭐라 했더니 다시 한 바퀴를 돌아 국내선으로 도착. 택시비 17리라. 20리라 지폐를 건네주니 고맙다며 거스름돈을 줄 생각을 하지 않는 아저씨. 거스름돈 달라고 몇 번을 얘기하니까 택시에 가서 앉았더니 동전 하나를 줌. '이게 얼마짜리 동전이지?' 하고 보는 사이 창문을 닫고 내빼버림.

episode 2

5시 55분. 짐 가방 두 개의 무게가 약 8킬로를 초과하여 저 옆에 가서 추가 비용을 내고 오라고 함. 갔더니 30리라라고 함. 카드 기계가 보이길래 카드를 건넴. 현찰만 받는다고 함. 카드 기계는 뭐냐고 했더니, 그건 표 판매용이라고 함. 딱히 신뢰가 가지 않음. 이른 아침부터 실랑이가 귀찮아서 100리라 지폐 건넴. 70리라 거스름돈과 영수증을 하나 받음. 다시 짐 부치러 계산대로 가는 걸음 중 확인하는 영수증. 짐 8킬로 24리라라고 적힘. 다시 돌아가 따짐. 기다려보라더니 어디로 전화하는 발리우드급 연기를 하기 시작. 걱정하지 말라며 6리라 다시 줌. 짜증 대폭발. 겨우 새벽 6시. 눈 뜨고 있는데 코 베어 가려는 터키인들.

산책쯤은

숙소에 도착해 차에서 내리니 한국 아주머니가 반겨주었다. 분명히 영어로 된 사이트에서 찾은 동굴 숙소인데 말이다.

아주머니는 호탕하게 웃는 모습이 인상적이었다. 아주머니만큼이나 우리를 반갑게 맞아주는 멍멍이들을 훠이 훠이 내쫓고는 아직 오전 11시도 안 돼서 방이 준비되지 않았다고 식당에 가서 밥을 먹으라고 했다. 오늘은 체크인하는 날이라 조식이 포함되어 있지 않았다.

새벽 5시부터 터키인들과 실랑이를 하느라 오전 내내 긴장을 많이 했더니 무척 피곤했다. 프롱과 밥을 좀 먹고 오늘은 조금 쉬어야겠다.

뭐 동네 산책쯤은 괜찮겠지.
산책쯤은.

괴레메(Göreme)

터키 중앙 아나톨리아 지방에 위치한 괴레메는 터키어로 '볼 수 없는 곳'이라는 뜻을 가진 광활한 협곡 지역이다. 불쑥불쑥 튀어나온 큰 돌들과 그 안에 굴을 파서 생활하는 주민들의 모습이 굉장히 이색적이었다.

만화 영화 스머프와 영화 스타워즈의 배경이 된 장소로도 유명한데, 사실 유럽 여행을 계획하기 전까지는 이런 곳이 있다는 사실도 몰랐다. 우리의 일정 중 가고 싶은 곳을 고르는 과정에서 열기구가 광활한 대지에 떠 있는 한 장의 사진을 프롱이 발견했고, 모든 다른 이유는 제쳐두고라도 그 열기구 안에 있는 우리를 상상하며 카파도키아를 여행지에 넣기로 했었다.

유럽의 큰 도시 혹은 유명한 관광지들 위주로 여행을 했던 우리는 터키 시골에서 만난 소박한 모습의 한적한 괴레메가 이색적이고 편안한 느낌으로 다가왔다.

호객하는 사람도 없고, 상점들도 손님이 많지 않아 한산했으며, 강아지들은 목줄도 없지만 지나다니는 행인을 얌전하게 구경하거나 그들과 함께 걷기도 했다. 그중 가장 화려하게 보이는 것은 특이하게 솟아난 돌들과 푸르른 하늘, 그뿐이었다.

볼 수 없는 곳, 괴레메에서 우리는 여행 떠난 뒤 보지 못했던 지나버린 우리의 여행에서 감사했던 순간들을 되돌아볼 수 기회를 가져보았다.

지하 도시, 데린쿠유

너무 넓어서 자동차를 빌리거나 투어 가이드의 도움을 받지
않으면 갈 수 있는 곳이 많지 않았던 카파도키아에 머무는
동안 우리는 가이드의 도움을 통해 이곳저곳을 다닐 수 있
었다.

여자 가이드는 친절하게 우리 일행을 지하 도시 데린쿠유
(Derinkuyu)로 안내했다. 카파도키아의 역사와 문화, 지리
에 대해서 끊임없이 설명해주는 가이드의 자상함과 열정이
감동을 주었다. 무려 지하 8층까지 개방되어있는 어두컴컴
한 데리쿠유를 탐험하는 동안 낙오자가 생길까 봐 걱정되었
는지 우리를 포함한 일행들을 꼼꼼하게 몇 번이나 확인하는
세심한 모습을 보이기도 했다.

오랜 시간 잊혀 있었던 데린쿠유는 한 농가에서 닭들이 계
속해서 사라지는 것을 기이하게 여긴 농부에 의해 시작됐
다. 닭 한 마리가 조그만 굴로 들어가 나오지 않는 것을 농
부가 발견해 그 존재가 널리 알려졌다고 하는데, 농부의 세
심한 관찰력 덕분에 세상에 모습을 드러낸 셈이다.

오늘도 세상은 세상일에 무관심한 태도를 유지하고 무료하
게 보내는 사람들과 그들의 무관심에 방치된 일들까지도 걱
정하며 바쁘게 움직이는 사람들이 어우러진다.

Fly High

태어나서 처음으로 경험해보는 열기구는 어릴 적 좋아했던 화이트의 'Fly High'라는 곡의 멜로디를 기억나게 해주었다.

아주 큰 풍선이 달린 바구니 안에 들어가 있으니 서서히 하늘을 향해 풍선이 날기 시작했다. 정말 신기하게도 그 느낌이 너무 부드럽고 좋았다. 어릴 적 내 손에서 벗어나 하늘을 향해 날아가 버렸던 풍선이 더 커진 모습으로 돌아와 나를 데리고 하늘을 향하는 것 같은 느낌이 들었다.

작아져 버린 괴레메의 건물들과 바위들. 그리고 높이 올랐어도 여전히 거대한 협곡. 이제 하늘을 날기 시작한 지 5분도 채 안 되었는데, 열기구 안에서 남은 시간이 아까워서 나는 자꾸 시계를 보고 있었다.

"모하메드 아저씨, 더 높이 올라가 주세요. 아주 높이!"

여전히 유럽은 설레임

도착한 첫날 길가에서 만났었던 멍멍이가 이제 우리가 곧 가는 걸 알고 있는지, 계속 따라다니며 말 그대로 우리의 발목을 잡고 있었다.

쓰다듬으며 어르고 달래보아도 계속해서 우리를 따라다니는 모습을 보고 있으니 우리의 마음이 무거웠다.

"그래. 우리도 떠나기 싫어 멍멍아. 너를 만나기 전까지 우리가 얼마나 많은 작별을 하며 왔는지 너는 모를 거야."

멍멍이가 정말 우리가 가는 걸 알고 있는 것 같다는 나의 말에 프롱은 그럴 리는 없다고 딱 잘라 말했다. 그렇게 똑똑하지 않기 때문에 영악하지도 않은 것이고 그러므로 순수하게 사람을 따르고, 그 모습을 사람들이 좋아하는 것이라고.

똑똑하기 때문에 영악한 것이고, 순수함을 유지하려면 똑똑해지면 안 되는가 하는 바보 같은 의문이 생겨났다.

"울지마 멍멍아. 또 올게."

나자르 본주우

언제부터인지 자꾸만 부모님과 어긋나서 말다툼이 자주 반복됐다. 그게 남들이 말하는 이민 1세대와 1.5세대의 세대 차이라는 건지. 틈만 나면, 특히 아버지와 많은 충돌이 일어나곤 했다. 내 뜻은 그게 아니었는데, 물론 아버지와 어머니의 뜻도 그러하지 않았을 것을 짐작하지만…. 어느 순간 함께 식사하는 저녁 시간에도 마주치지 않는 것이 더 좋은 꼴이 되어버렸다.

나자르 본주우(Nazar boncuğu)라고 불리는 파란 눈의 기념품이 눈에 들어온 것은 멀리 떠나 그리워진 집, 그리고 부모님과 틀어져 버릴 수밖에 없었던 관계를 생각하면서였다. 악귀를 막아낸다는 의미의 작은 장식품이 많은 일을 할 것이라고는 기대하지 않으면서도 집으로 하나쯤은 가져가고 싶었다. 아버지와의 충돌을 막을 수 있는 일이라면….

여행에서 돌아온 후 다시 부모님과 틀어지는 방향으로 향하는 대화를 나눌 때면 벽에 걸어둔 파란 눈을 바라보았고, 잠시 말을 멈추고 이 상황을 어쩌면 좋을까 하고 생각을 하는 습관이 생겼다.
그렇게 몇 달이 지나고, 거짓말처럼 부모님과 다툼이 눈에 띄게 줄어들었고, 몇 년이 지난 지금까지 나자르 본주우는 우리 집안에 평화를 주고 있다.
부적의 효과 여부를 떠나서 좋은 일이 틀림없다.

함께 사진을 찍으러 다니면서도, 서로를 진지하게 알아가면서도,
그녀는 편하게 포즈를 취해주지 않았다.
카메라와 눈이 마주치면 얼음 땡 놀이라도 하듯
순간, 어찌나 어색한 표정이 나오는지.

삶과 여행의 방식

즉흥적으로 여행하는 걸 좋아했던 아버지의 영향으로 나는 자유 여행이 익숙
했지만 프롱의 계획에 맞춰 여행했던 것이 답답하게 느껴지진 않았다. 오히려
여행 내내 계획을 세우고 일정을 이어나가니 더 많은 곳을 볼 수 있고, 찾아가
는 곳에 대한 사전 조사가 되어 의미 깊은 시간을 가질 수 있어 좋았다.
분위기에 취해 일정을 취소하고 자유 시간을 선택하게 될 때도 의미가 더 소중
해지는 기분이 들어 계획표를 들고 떠난 여행이 감사했다.
누군가는 관광 가이드와 함께하는 단체 관광이 편안하고, 누군가는 차를 빌려
밤에 잠자는 시간도 아끼며 운전을 해서 여행을 하기도하고. 누군가는 여행하
며 이어지는 인연들을 가장 소중하게 생각하기도 하고, 누군가는 사서 고생해
야 추억이 되고 누군가는 사서 누려야 추억이 된다. 그게 다 사람 나름대로 삶
의 방식이자 여행하는 방식이라는 생각을 해본다.

열다섯 도시. 이제는 우리의 유럽 여행이 제법 힘들게 느껴졌다. 이미 지나온
대성당들과 시장들, 박물관 등등. 지나온 곳이 너무 많았고 감흥도 처음 같지
않은 건 순전히 우리 둘만의 탓은 아닐 것이다. 짐은 점점 무거워졌고, 짐을 풀
었다가 쌌다 하는 행위 자체도 지겹게 느껴졌다. 나는 가방 안에서 물건들을
꺼내지 않고 찾아 쓰고 그대로 놓아두는 습관이 생긴 지 오래였다

이스탄불에서는 여러 유적지를 찾아다니는 것보다는 터키인들의 일상을 엿보
며 유럽에서의 마지막 일정을 즐기자고 프롱과 뜻을 같이했다.

여전히 유럽은 설레임

무언가가 가득 담긴 상자를 어깨에 짊어지고 길을 걷는 아저씨, 벽에 걸려있는 여러 종류의 천과 원단들, 손수레를 끌고 가는 사람, 음식이 들었는지 은색 쟁반 위에 신문지를 얹어 머리에 이고 어딘가로 배달하는 아주머니, 처음 와보는 이스탄불의 어느 거리에서 기시감(旣視感)을 느끼고 있었다.

어린 시절, 방과 후 특별히 할 일이 없는 날이면 나는 무료함을 달래기 위해 아버지 공장 근처를 기웃거리다가 아버지께 뒷덜미를 잡혀서는 남대문, 동대문, 청계천 등등 원단을 비롯한 여러 자재를 구매하러 가는 아버지의 조수가 되고는 했다.

기억 한쪽에 있었던 분주한 서울의 어느 자재 시장들의 풍경과 이스탄불 그랜드 바자르 근처의 골목이 똑 닮아있었다.

그랜드 바자르(Grand Bazaar), 이상하게도 이스탄불에 있는 동안 나는 원인 모를 알레르기가 발동하여 계속해서 재채기하고 코를 훌쩍이고 있었다. 그랜드 바자르에 가서 한참 놀아볼 생각이었는데, 입장하고 난지 5분 만에 수많은 향신료가 나의 알레르기 증상을 정점으로 몰아가며 나를 미쳐가게 하고 있었다. 그래서 아쉽지만 빠르게 탈출했다.

이스탄불

게임 대항해시대를 통해 알게 된 오스만제국의 수도, 이스탄불은 조금 이상한 곳이었다. 아름다운 배경음악이 흐르는 다른 나라들과 달리 이스탄불 항구에 만 들어서면 이상한 이슬람 노래가 나오고 있었다. 사람들은 머리에 무언가를 뒤집어쓰고 있었고, 심지어 이스탄불 옆에 있는 흑해라는 곳에 들어서면 갑자 기 이상한 소리가 나오면서 배가 사라지기도 하고, 선원들이 없어지기도 했다. 그래서 나는, 이스탄불이 이상한 곳이라는 편견이 오랫동안 남아있었다.

이스탄불에서 자유롭게 이곳저곳 다니며 터키인들의 일상을 살펴보니 터키인 들은 정이 많았고, 유럽 어느 나라보다도 사람 냄새가 진하게 나는 곳 중 한 곳 이라는 생각이 들었다. 하루에 다섯 번 예배(Salat)를 하기 전에 울린다는 이슬 람 노래 아잔(Ezan)은 온 도시에 정말 쩌렁쩌렁 울렸는데, 처음엔 그 노랫소리 가 이상했지만, 터키에 온 지 며칠이 지나자 노래가 안 나오면, '이제 나올 때 가 되었는데…' 하고 기다려지기까지 했다.

깔끔하게 잘 정돈된 모습은 아니었지만, 오래된 앤티크 가구 상점에 온 것처럼 볼 것이 많고, 오래되었으면서도 자연스러운 모습이 매력적인 이스탄불의 거 리는 사진가에게는 재미있는 곳이 분명했다.
잦은 사건 사고와 테러 등 그 후 일어난 많은 일은 터키가 더 여행이 안전하지 않은 곳 중 하나라고 세계 여행자들에게 경고되었다. 이젠 가고 싶어도 쉽게 갈 수 없는 이스탄불에서의 즐거웠던 시간은 더욱 애틋해져만 간다.

GÜLERYÜZ
HACI BABA ET LOKANTASI
517 72 78
SAN
MODEL
FATİH BELEDİYESİ
FABİM 444 0 176
PEDALA BASARAK KAPAĞI AÇINIZ!

ÇAĞLA T
TEL:
21 27
OTO
PARK

떠나며

이스탄불 공항에서 숙소까지 트램을 타고 오는데 너무 힘들었던(트램을 이용하는 사람들의 숫자가 시간대를 불문하고 너무 많았다.) 우리는 공항까지 차를 타고 이동하는 서비스를 찾아 예약해 두었었다.

혹시 몰라서 비행기가 뜨기 몇 시간이나 전에 예약을 해두었는데, 약속 시각이 다 되도록 아무도 오지 않았다. 별로 놀라울 일도 아니었다. 우리는 재빠르게 두 번째 계획(plan B)으로 이동하기 위해 잠시 고민을 하고는 숙소 할머니께 자초지종을 설명하고 도와줄 수 있느냐고 물었다. 혹시나 무슨 일이 있어서 못 오고 있을지도 모르는 이동수단 서비스 업체에 할머니가 전화를 해주었는데 전화 통화를 하는 내내 할머니의 표정이 좋지 않았다. 말은 알아듣지 못했지만, 할머니의 어감이나 표정으로 추측하건대

'사람들이 정말 왜 그래요. 여기 사람이 기다리는데 약속을 했으면 와야지, 무슨 장사를 그런 식으로 해요.'

라고 하는 것 같았다.

전화를 끊고는 마치 본인이 약속을 지키지 못한 것처럼 우리에게 너무 미안해하며 그들이 오지 않을 것을 알려주었다.

프롱과 나는 할머니에게 감사함을 표한 후 할머니 집고양이에게도 작별 인사를 했다. 그렇게 짐을 끌고 다시 트램을 타러 언덕을 올랐다.

분명 누군가의 여정은 훨씬 더 길고 멋질 수도 있지만, 우리가 지나온 유럽에서의 시간이 결코 짧거나 의미 없는 시간이 아니었다고 믿는 건 우리를 스쳐 지나간 수많은 것들이 주는 의미 때문이 아닐까 한다.

사람은 떠나가는 뒷모습이 아름다워야 한다는 말이 기억난다. 여행하는 동안 항상 떠나가는 몫은 우리 차지였지만, 지나간 곳을 지키고 있던 사람들이 오히려 떠나가는 우리에게 아름다운 뒷모습이란 어떤 것인지 가르쳐주었다는 생각을 한다.

여행에서 돌아와 만장을 훌쩍 넘겨 찍은 사진을 보며, 이 많은 사진으로 무엇을 할 수 있을까 하고 생각했다. 그리고 몇 달이 지나고 나서 맞은 며칠 간의 짧은 휴가 기간, 나는 영화 시나리오 작업을 할 마음으로 시드니 동쪽에 있는 팜비치(Palm Beach)로 향하였다.

생각보다 시나리오 작업이 잘 풀리지 않았던 그때, 머리를 식힐 생각으로 가져간 유럽 사진들을 꺼내놓고 끄적거리기 시작한 게 바로 첫 번째 원고 원웨이티켓(One Way Ticket)의 시작이 되었다. 물론 시나리오는 아직도 완성하지 못하였다.

처음에는 글이 거의 없고 사진이 주를 이루는 사진 책을 구상했었는데, 한 글자 두 글자 내용을 추가하다 보니 지금과 같은 구성이 되었다.

여행을 떠나는 일이 번거롭기는 해도 나 자신을 키우고 내 시야를 넓히는 가장 자연스러운 방법이라는 생각은 지금도 변함이 없다.

여행을 떠났다가 돌아오는 이가 예전의 그가 아니라 조금이라도 더 성숙한 사람이 되었다면 그는 원래 자리로 되돌아오는 왕복 티켓이 아니라 다른 자리로 돌아오는 거라는 생각에 원웨이 티켓(One Way Ticket)을 생각했었다.

나는 수많은 여행가의 사진과 이야기를 사랑하는 평범한 사람 중 한 명이다. 그들이 나를 움직였고, 전해진 이야기들은 여행이라는 행위 이상의 무엇이 있다는 생각을 했다.

어릴 적 '대항해시대' 게임에 심취해 가졌던 세계 여행에 대한 환상을 나무라지 않았던 부모님과 바쁜 일상 속에서 살아가는 이유를 잃어가고 있는 나를 유럽으로 초대해준 프롱에게도 감사의 인사를 전한다.

여행은 가장 떠나고 싶을 때 떠나야 하며, 어디로 어떻게가 아니라 여행을 위한 모든 행동 자체가 소중하고 의미있는 일이라는 생각을 해본다.

지금 떠날 준비를 하고 있는 당신의 여행길이, 인생의 다음 장에 큰 의미가 되는 즐거움으로 남기를 바란다.

여전히 유럽은 설레임

펴낸날	초판1쇄 인쇄 2017년 10월 02일
	초판1쇄 발행 2017년 10월 10일
지은이	윤태호
펴낸이	최병윤
펴낸곳	알비
출판등록	2013년 7월 24일 제315-2013-000042호
주소	서울시 마포구 동교로 18길 33, 202호
전화	02-334-4045
팩스	02-334-4046
이메일	sbdori@naver.com
종이	일문지업
인쇄	신한프린트
제본	광우제본

ⓒ윤태호

ISBN 979-11-86173-39-8 13980

가격 13,500원